彼優特・菲利克斯・吉瓦奇（Piotr Feliks Grzywacz）——著

郭書妤、駱香雅——譯

向Google及摩根士丹利學習

超高效會議術

誰也沒說出口，日本會議毫無改變的「真正原因」

「彼優特先生，開會時根本沒辦法說出真實的想法嘛！反正就算開會也不會有什麼像樣的結論。」

對我說出這句話的是一位任職於日本企業，跟我很要好的朋友。他是那種積極參加各種會議或研討會，對知識充滿旺盛好奇心，個性也頗具魅力的類型。也就是在所謂的一流企業展現活躍之姿的優秀商務人士。而這樣的他竟然放棄「表達自我意見」這項最基本的工作……讓我打從心裡感到驚訝。

然而不僅僅是他。顯然那間公司有許多員工並沒有在開會時向上司說出真正的想法。

那麼，若要說到那位上司能力極佳，無懈可擊？不、不！恰好相反。

上司拘泥於瑣碎的數字，否定新的想法，隨便翻翻會議資料，始終眉頭深鎖。

　　另一方面，同事則是基於討厭被其他人注意，絲毫沒有發言的意願。應該是「全場一致」表決的決定事項，在會議結束的當下，立刻傳來此起彼落的抱怨聲，像是「那件事絕對不可能順利進行的啦！」、「上司根本不懂現在的時代嘛！」。儘管如此，卻沒有人想要徹底改變現況。

　　「如果是這樣的話，讓會議更具有建設性不就好了嗎？」我總是這樣建議，但是得到的反應卻是「您說的是沒錯啦，可是喔……」，大家都閉口不談。

　　為何會出現如此令人遺憾的會議呢？

　　原因之一是因為缺乏開會的要領。

　　在什麼日期之前要讓參與會議的人員收到議題（議程）？如何消除無用的會議？無法決議的議題該如何處理……。

　　會議需要一定的「規則」或「架構」。有許多人每天都要開會，儘管如此卻不曾學習過與會議有關的「訣竅」。所以就算心懷不滿也無法改變。你不想改變這種「徒勞無功的會議」嗎？在本書當中，我將毫不吝惜的公開自己在Google及摩根士丹利（Morgan Stanley）學習到的高效率會議的運作要領。

　　很可惜的是，「只」學習會議的規則或架構，恐怕也無法解決問題吧！其證據就是，儘管到目前為止，坊間已經出版過無數本教導大家如何開會的書籍，但是日本的會議並沒有太大的改變。

　　為什麼以往的會議相關書籍會有其極限呢？

　　因為缺少改變會議所需的另一項重要技巧－「糾葛的管理」。

　　會議必定是由多人參與進行，個性和想法都不同的成員在此交換意見，自然就會產生「糾葛（Conflict，或稱衝突）」。**會議在本質上就是一個「糾葛」的場域。**

　　聽到「糾葛」一詞，或許會覺得聽起來帶有負面的感覺。實際上，糾葛又可分為好的糾葛與不好的糾葛。為了引導出更好的答案，相互激盪彼此的「想法」就是屬於好的糾葛。相反的，相互碰撞的不是「想法」而是討論者的「情緒」，就是屬於不好的糾葛。「減少情緒層面的糾葛，增加想法層面的糾葛」，Google讓員工都具備上述的觀念，並且明確區分這兩種糾葛。

　　只不過，日本人似乎把混淆了兩者。可能是受到「以和為貴」這種感性的影響，擔心出現情緒層面的糾葛，以至於無法表達任何意見。因此，雖然明知道是效果不彰的會議，這個問題卻被置之不理。目前**日本的會議所需要的觀點，不是情緒層面的糾葛，而是試著增加**

想法層面的糾葛並加以管理，不是嗎？在本書當中，除了會議運作的要領之外，還會說明糾葛管理所需的兩項要素。

其一是會議的引導（Facilitation）技巧。

Google 為員工提供引導相關的研修課程。雖然不是硬性規定必須參加研修課程，不過許多員工願意主動學習。因為他們知道如果沒有學習引導技巧，開會時將無法有好的表現。

另一方面，我在日本卻很少遇到有人說曾經學習過引導學。但是，引導是在會議中最能夠發揮影響力，而且也是領導能力所要求的重要技能。這項能力是 AI（人工智慧）難以取代，可說是今後的時代不可缺少的必備技能。如果讀者當中有人尚未學習過，我有信心斷言，你現在就應該學習。

另一個要素——「糾葛的管理」則是需要「心理安全感（psychological safety）」。「心理安全感」是心理學的詞彙，意思的是成員之間可以毫無顧慮地說出內心想法的狀態。Google從2012年至2016年進行改革工作方式的研究——「亞里士多德計畫（Project Aristotle）」。Google從該項計畫當中獲得的結論是，團隊是否建構起心理安全感，將是影響團隊生產力的最重要因素。

提到外資企業，有時會給人一種彷彿是一群沒血沒淚的人，就如同機器人般默默埋首工作的印象，但是實際上恰恰相反。當然也會因公司而異，不過越成功的公司就越深刻了解到，建立良好的人際關係對於提高團隊生產力的重要性。因此會用心在公司所有階層推動團隊建立（Team Building）。

本書介紹會議的「運作要領」、「引導」以及「心理安全感」。透過運用上述幾項技巧，日本企業的會議將開始產生改變。

不好意思，直到現在才自我介紹。

我是波蘭人，名字是彼優特‧菲立克斯‧吉瓦奇（Piotr Feliks Grzywacz），已經待在日本將近十八年了。

我曾經擔任過貝利茲公司（Berlitz）國際商務部門亞太地區主管、摩根士丹利公司的學習發展部副總，也曾負責Google的亞太地區人才發展以及全球化學習策略等，在人力資源開發領域建立起自己的職業生涯。目前我經營兩家公司，其中「Pronoia Group」為海內外各大企業提供組織發展、人力資源開發以及策略諮詢等服務；「Motify」公司則是根據新的工作模式開發人事軟體系統。

到目前為止，我曾與許多日本企業合作，也和很多日本人共事過。每個人都是十分親切、體貼和美好的人。只是有一件事讓我覺得很可惜。那就是日本企業特有的「生產效率低，懸而未決的會議」。

在本書當中，我身為工作方式的專家，同時也正因為我長期與日本人共事，所以想要教導給各位的是「會議的要領」＋「日本人專用的糾葛管理術」。基本上，本書所假設的場景是公司內部會議，而不是與客戶或廠商等公司外部的商談會議。不過，就意見傳達、反覆討論並做出某種結論而言，這個過程是一樣的，因此我認為本書內容對於與客戶或廠商的往來互動也十分有幫助。

會議是公司最重要的「溝通平台」。那些連開會都做不好的公司不會是好的公司。即使暫時業績不錯，由於溝通不良導致員工對於工作方式的滿意度降低，遲早也會影響到業績。

如果你們公司的會議也是這種「徒勞無功」、充斥著「表面話」，令人感到遺憾的會議，你也無須擔心。若能在閱讀本書之後改變會議，溝通方式也會隨之改

變，不久之後公司本身也會產生改變。可謂「成也會議、敗也會議」。

我來到日本之後，遇到許多對我很好的日本人。如果這本書的內容能夠回報一點這份恩情，我想將會是一件很開心的事。

2018 年 5 月

彼優特・菲立克斯・吉瓦奇

[目錄]

第一章

「會議目標」的鐵則

一切均依「反向計算」加以設計

The goal

　　我和日本人共事的感想就是，沒意義的會議特別多。所謂的「沒意義」換言之就是「沒有目的或是沒有目標」的意思。

　　原本會議只不過是為了某個目的而討論，藉此產出結論的方法。假使目的不明確，寧可不要開會還比較好。

　　一切都以目標為依歸。無論是「時間」、「對象」或「地點」，是否應該召開會議取決於目標，目標不同，正確答案也會隨之改變。如果想讓會議變得有意義，最重要的是先明確的用言語表達「想要獲得什麼」開始做起吧！

！太多只有「題目」，卻沒有目標的會議

這是我的公司與某家企業一起進行打造創新人才專案時的事情。我們固定每兩週舉行一次約莫兩小時的會議。

一方面這是由「人事經理主導的專案」，每次開會的議程（agenda；指會議的議題。接下來均統一稱為議程）都是由那位人事經理製作，不知道是不是因為太忙的緣故，事前準備老是趕不上進度，一直要等到開會前一刻才會收到議程資料。

當然，誰也沒能在事前閱讀會議資料，所以會議開始的時候，大家都是處在「那個……今天是要討論什麼？」的狀態。會議結束時需要討論出什麼結果，就連

負責主持會議的人事經理也不知道，總是什麼都沒決定就結束了。

而且沒有任何一個參加會議的成員明確知道整個專案的目標到底是什麼、現在是處於哪個階段。

等得不耐煩的我就開門見山的告訴人事經理：「直到開會之前才決定議程，大家也不清楚每次開會的目標，在這種狀態下就算出席會議也不會有成果。話說回來，這個專案的整體目標究竟是什麼啊？」

結果人事經理告訴我：「這件事就交給我吧！我已經向總經理簡報過這個專案，也獲得他的同意了。」接著便讓我看那份簡報資料。

簡報資料的內容是「所有行業的商業模式正在急速變化」、「科技也持續發展」、「因此我們需要一個可充分運用科技，並且從公司內部帶動創新的人才培育制

度」等等，全都是些含糊不清、讓人無法評論的內容。至於「對於創新人才的要求條件是什麼」、「要從外部雇用人才，還是由公司內部培養」、「需要多少預算」這些重要的具體目標則是隻字未提。

換句話說，只有決定創新人才這個當前流行的主題，卻沒有決定具體的目標。這樣一來，「正致力於有意義的專案」遂成為人事經理用來自我滿足，而大家只是陪著他團團轉罷了。

這類只有「主題」沒有「目標」的會議，我不知道遇過多少次了。在什麼日期之前、要產出什麼結果、要向誰提出？本來一切都應該從「達到目標的必要條件」反向計算，結果卻是「反正就先試著討論看看吧！」，隨意的召開會議。

　　如果我是那位經理，我會先找決策者討論，了解專案的目標為何，**清晰掌握產出結果的輪廓**。**基本上與成員共享所有的資訊**，包括「最終目標是這個，為此必須獲得某人的同意，會議資料要具備哪些資訊、最晚於何時提出」等等。假使目標缺乏具體的內容，無論聚集了多麼優秀的成員，也難以發揮力量。一切皆從藉由語言明確傳達以及共享目標開始。這就是凌駕一切，最重要的會議鐵則。

！ 會議的目標只有四種，「決定」、「創造」、「傳達」、「聯繫」

我認為會議的目標類型大致上可分為四種。

■ 做出決策（決定）

根據客觀的數據或事實關係提出明確的結論。必須從多個選項之中「選擇」結論。

■ 提出想法（創造）

與會成員針對服務、商品或企劃募集想法。如果決策是減少選項的過程，那麼提出想法就是增加選項的過程，因此會議的設計方法將會大不相同。

■ 共享資訊（傳達）

　　將已經決定的內容告知他人，在成員之間形成認同感並且實際採取行動。人類是基於自身情感採取行動的生物，因此並不會無條件的執行既定之事。就拿組織重組或人事異動這類重大的決定為例，比方說「佐藤先生，從下星期開始你就轉調到總務部。在那之前請完成工作交接。」沒有人願意突然收到這種職務異動指示的郵件吧？為了能夠將決策付諸實踐，尊重成員的情感、營造認同感也是會議的一大重要目標。

■ 建立團隊（聯繫）

　　對於日本企業來說，或許鮮少將此項視為會議的目標。

　　即使有相同目的或目標，但是團隊成員畢竟是不同的個體，因此經常會產生情感層面糾葛的風險。為了管

理情感層面的糾葛，成員之間的信賴關係相形重要。或許聽起來似乎是繞遠路的做法，但是未能建立起團隊信任感的團隊，微小的情感層面糾葛就能導致成員的表現下滑，也需要重新花時間來排除糾葛，反而更加耗費成本。所以徹底追求表現的外資企業才會特意重視團隊建立。本書將於第五章仔細說明相關內容。

你現在參加的會議是屬於上述四類的何種類型，你能立刻回答出來嗎？如果目標明確，符合目標的適切的會議進行方式、環境營造，會議需要的所有條件都能夠反向計算。

！「決定型會議」的鐵則：必須要一次完成所有決定

在進入會議要領的細節之前，先從大原則開始說明吧！「決定型會議」最重要的原則。不言而喻，那就是「一次完成決定」。

日本會議常見的場景就是無止盡的討論，「啊，已經這個時間了，那麼今天會議上提出的意見，就請各位回去之後思考一下，下次開會時再決定細項內容吧」，就這樣輕易的延後決定的時間。在不清楚會議需要產出什麼結論的狀態下進行討論，因此也難以承諾開會就能做出決定。

懸而未決的會議大致上可分為「缺乏整理」與「資訊不足」兩種模式。所謂缺乏整理是指沒有整理會議成

用之前、進入公司第一個月、第一年、第二年、第三年⋯⋯依序寫出時間軸，然後在便利貼寫下當時的心情或煩惱、實際的行動。貼出這些便利貼之後，請大家一邊看著地圖說出自己的意見，像是「這個時候希望有人對我說這樣的話」、「想要知道這樣的事情」等等，再將這些意見加以彙總。

接著杜利讓所有會議成員都能看到電腦畫面，並詢問他們：「這件事跟那件事，何者重要？」、「在這個時候，你更想要知道的事情是什麼？」等等，當場製作應用程式的原型。不只是收集意見，而且當場逐項化為具體的形式，不會產生想像不一致的情況，大幅提升改善速度。

這並不是什麼「一定要有設計師才能做到」的方法。事前相互確認目標的方向性，在白板上用插圖或圖案呈現，「剛剛你說的內容是像這樣嗎？」、「這個方案如果加入這個元素不就變得更好嗎？」等等，一邊反

覆提問，活用會議成員的群體智慧，當場讓想法漸漸成形。只產出構想，詳細內容留到下次開會再討論，這種速度實在是跟不上時代。

　　從準備工作開始，直到有所產出才結束。能夠一次完成整個過程才真的算是優異的腦力激盪會議。

！「傳達型會議」的鐵則：「激發情感」

所謂「傳達型會議」就是將公司已經決定的事情與全體成員共享的場域。不過，當然「共享」本身並不是會議的目標。共享是為了邁向下個行動的一個步驟。正因為如此，在傳達型會議上，**必須一併留意到「邁向下個行動時，成員是否有意願採取行動」的情感層面。**

舉例而言，假設為了解決「太慢培養新人，人力資源不足」的課題，決定在公司內導入新的師徒制度。在傳達這項決定時，若只是告知「從下個月開始施行這項制度」，恐怕無法達成「培育新人」這項最初的目標吧！在場的人邊滑著手機說道：「好吧，因為是公司的決定，那就做吧……」對於發言內容最多只聽一半。當然師徒制的指導本身也是隨便虛應一下故事，更糟

的情況是「原本打算執行」，然後就草草結束了。這種
「空有決定卻不執行」、上有政策下有對策的狀態，執
行方當然不用說，傳達方是否盡責傳達也有問題。並不
是「因為我都有告訴你們喔」，就算完成傳達工作，**而
是要用具建設性的方式徹底思考如何驅動對方，負起責
任促使對方直到他採取行動為止，這才是專業的會議**。

回顧我的經驗，在Google有許多簡報是將目標設
定為「打動聽眾的內心」。不是使用缺乏情感、內容生
硬的幻燈片，口吻平淡的說明「既定事項」，而是讓聽
眾打從心底認為「就算公司不拜託，我也想試試看」，
每一張資料都是經過深思熟慮。

「為何公司必須投入這個專案」，從共享任務開
始，使用很酷的照片，讓視覺部分也呈現出強弱張力。
「雖然這是一項極具潛力的專案，然而沒有大家的協助
將無法產生深遠的影響力。我需要借助各位的力量！」
最後也不要忘記請求與會成員的協助。

　　會議相關書籍當中經常提到「總之就是縮短準備、精簡資料」，不過，當會議目標是「激發情感」的時候，徹底講究一張照片也絕對不是白費工夫的事。**重要的是，思考透過傳達資訊想要帶來怎樣的影響。**

　　舉例來說，我在進入 Google 工作之前，是任職於摩根士丹利，基本上公司的要求是「只要一張會議資料，而且內容簡潔扼要」。因為會議資料就是分析師發表的個股報告等，大前提就是能夠客觀判斷的材料。就算資料內容能夠激發情感，也未必會對接下來的行動產生很大的影響。

　　只是考量到日本會議的現況，未經深思、過於武斷又以效率為優先，我經常覺得「都是單方面傳達，大部分與會者看似沉悶無聊」、「為了避免不小心延長會議時間，就算想發言也保持沉默」。然而並不是打從心底接受，所以一旦真正開始執行，不滿情緒就會油然而

生。如此一想，對於如何在會議上「激發情感」，日本企業的會議還十分欠缺這方面的觀點，不是嗎？

不只是會議資料。說話的聲音或肢體語言也要依不同的目標而有所改變。如果目標是讓打動人心，首先就是自己要樂在其中並且用開朗宏亮的聲音傳達。或許穿插一些笑話也不錯喔！若是想要促使成員深入思考，則可透過柔和沉穩的語調傳達。如果傳達的內容是為了讓成員感受危機感的政策，那就要用低沉音調搭配銳利的表情，必須藉由言語之外的方式讓成員知道「無法改變這項決策」。

此外，為了讓成員打從心底接受，**即便是決定事項不容改變的會議，在會議尾聲也應該保留讓聽眾可以提問的時間**。自顧自地說完要說的話就結束會議，是不可能讓聽眾打從內心接受。

「沒有提問時間」也就是告訴員工「我們怎麼說，你們照做就對了」。管理者再怎麼強調「我很重視各位」，卻吝惜保留時間給他們，員工也會覺得心裏不舒服，長期下來成員的表現將會大幅下滑吧！

話說回來，**如果只要傳達訊息不須激發情感，員工就會執行並達成目標，那就只要發一封郵件即可。**不過，正是因為面對面交談有其意義，所以特意召開會議。而且在很多情況下，會議的意義即在於「激發情感」。

想在講者與聽眾之間引起怎樣的化學反應，為此需要帶著何種能量到會議現場。換句話說，會議就是一個舞台。而你是導演兼演員，必須打造出一個適合目標的舞台。

「聯繫型會議」的鐵則：
以零為基礎設計環境

所謂「聯繫型會議」是指團隊建立，也就是為了架構起更良好的關係而舉行的會議。但是，在團隊內建立良好關係的重要性，這件事似乎尚未滲透到日本的企業。

先前在說明傳達型會議時也曾稍微提到，人會因情緒而大幅影響工作表現。如果是這樣，為了不讓成員產生情緒壓力，就要留意具有建設性的組織應有的狀態吧！

或許有些人的意見是「不對！不受情緒影響的才是專業工作者！」，但是我不太贊同這個意見。

這個想法的依據就是我還在Google工作時，公司進行的「亞里士多德計畫（Project Aristotle）」。這項計畫以改革工作方式為目標，並且從各種角度調查「什麼樣的團隊具備高效生產力？」

該計畫基於下列幾項假設進行調查。

- 成功團隊的領導者是否具備絕對的領導能力與領袖魅力？
- 是否因特定的「報酬」提高工作動力？
- 想要打造具有高效生產力的團隊，是否終究只能仰賴匯集表現優異的成員才能達成？

不過，令人出乎意料之外的是，從調查結果中得知，其實這些因素對於團隊造成的影響很小。其中「每位成員的個人表現並不太會影響團隊的生產力」，這項結果讓許多人感到驚訝。

那麼，哪項因素對於團隊生產力的影響最大？實際上，**高績效團隊的共通點是成員與管理者是平等的，彼此之間可以毫無顧慮的說出自己的想法。而且能夠理解、體諒對方的想法**。換句話說，對於其他成員的反應不會感到恐懼或羞恥，可以毫無隱藏的展現自己的狀態。這即是心理學所說的「心理安全感（psychological safety）」。正因為如此，Google為了讓成員能夠安心的投入工作，十分重視團隊建立。

並不是進入Google工作的人都剛好是善於交際的人。他們從客觀事實中清楚認知到，人與人的關係對於提高團隊績效是很重要的事。

商業書籍經常提到「為了提升討論的品質，思考時要分成人與事兩方面。因為就算被否定，並不是我這個人被否定，只不過是自己的想法，也就是事情遭到否定」，但是，這段內容只反映出一半的事實。如果無論對象是誰，都能夠立刻理性的分開人與事，那就沒有人

會此所苦了。「如果是這個人的話,坦率說出內心想法也沒問題」,就是因為有這種心理安全感才能夠區分人與事,達到良好的討論品質。為此不可欠缺的就是團隊建立。

當我談到團隊建立時,有時得到的回覆是「沒問題!因為我們公司會定期舉行面談,部屬會來找我商量」。

但是,那個面談真的是為了成員嗎?(我不太喜歡「上司」、「下屬」這種讓人感覺上下關係的稱謂,因此在本書當中盡可能使用「管理者」、「成員」來稱呼)許多面談都是管理者用來自我滿足罷了。管理者將雙手交叉於胸前,詢問對方「有什麼想說的事嗎?」起初聽著成員說話,不知何時就談起自己過去的經驗當作建議,到最後卻變成自吹自擂……成員聽到都覺得厭煩了,只有管理者神采奕奕,而這樣的場景並不少見。這種流於形式的面談,不可能建立起心理安全感。

面談的目標是與成員之間建立起心理安全感。倘若如此，若以反向計算思考怎樣的形式才是最好的呢？如果是我的話，我會從零開始，細心留意並設計地點、時間、氣氛等「環境」條件。

舉例來說，我經常在天氣晴朗的日子裡帶著成員到公園，坐在長凳上聆聽他們說話。**如果目標是建立良好的關係，那就未必非得待在會議室裡進行**。假使沒有公園，辦公室周邊人煙稀少的道路，慢慢的邊走邊聊也是不錯的方式。如果是辦公大樓，也可以到陽台；假使沒有陽台，去附近的咖啡廳也無妨，總之地點不拘。一起外出並肩行走，本身就是傳達出「我將你視為一位重要的人」這樣的訊息。

即便有多名成員時也是一樣的情況。

比方說，以前我在助理小姐快要生日之前，曾經和其他成員偷偷安排慶生會，只告訴助理：「因為本週會

議要宣布重要的事情,所以換地方開會。集合地點是藍塔大廈(位於澀谷的摩天大樓)的咖啡廳喔!」

當我、助理以及其他成員,四個人到齊時才告訴她:「其實今天沒有準備議程,今天是妳的慶生會!」然後大家一起享受愉快的下午茶時光。

對我來說,雖然沒有議程卻是有目標的。我希望她與其他成員相處融洽,遇到困難時能夠相互幫忙。而且我自己也藉由深入理解她的為人與想法,想要為她提供更容易工作的環境。這也是團隊建立的一環。

當大家享用過蛋糕,好好放鬆之後,我便試著詢問他們:「難得有這樣的機會,不妨跟大家分享一件最近發生的好事以及讓你覺得困擾的事情。」

別說是一件,大家不斷的提出意見。平常工作時難以啟齒的事,在那樣的環境之下也能夠開誠布公的相互

討論吧！

「大家最近有沒有遇到什麼傷腦筋的事啊？」在會議室裡，有時候就算這樣詢問大家，還是會有說不出口的事。

「在摩天大樓的咖啡廳裡，愉快享用美味的蛋糕與紅茶」，身處在這種非日常的氛圍之中，就能夠從員工的口中聽到真心話。

當然，沒有必要為了團隊建立每週都外出。沒空的時候，到便利商店買一些零食點心，大家邊開會邊享用等等，或許也可以將這些用來團隊建立的小巧思加入日常的例行性工作之中。或是稱之為「午餐會」，定期共進午餐也無妨。最重要的是將團隊建立視為會議的一項「目標」，不拘泥於形式，為成員打造最佳的工作環境。

！在義式餐廳邊喝酒邊開會的理由

　　不僅限於「聯繫型會議」，我常常在想會議的型態能更自由就好了，不！如果從目標反向計算，應該就會自然而然變成更自由的形式。

　　還任職於 Google 的期間，我與某位成員每兩週聚會一次，時間是從星期五下午三點半開始到五點，我們將其稱之為「創新會議」。我們會到六本木 HILLS 的義式餐廳，輕鬆的邊喝紅酒邊聊天。分享彼此最近的構想，「這個，你覺得如何？」、「如果這樣做應該可以順利進行吧？」等等，無論是異想天開的想法或是公司的長期目標，自由地討論這些平常難以啟齒的事情。

　　為什麼要在一般公司的上班時間，特意安排邊喝紅
酒邊討論的場合？那是因為會議的目標是「要說什麼都
可以，就算是愚蠢的想法也無所謂」。

　　在會議室裡，就算上司一臉正經的告訴大家「不管
有任何想法都行。不用侷限在可行性，盡情說出自己的
理想吧！」也不可能一下子就出現什麼想法吧！

　　在義式餐廳邊喝著紅酒邊思考，應該可以產生更有
創意，令人感到興奮的想法。（當然，禁止飲酒過量！）

　　同樣是星期五，從下午五點開始就是所謂的「TGIF
（Thank Google It's Friday）」全體會議。在Google，每
週五所有的員工會聚在一起吃吃喝喝，在自由的氛圍中
討論公司的方向或重要政策。這個會議的目標也涵蓋了
團隊建立，所以特意營造出宛如派對般，讓人可坦率直
言的氛圍。

　　星期五下午五點，這個時間其實也是為了營造輕鬆狀態的環境因素之一。在專心工作一週之後，不管是誰都會期待週末時光，從明亮開朗的氣氛之中產生具建設性的想法。那個想法經過週末的醞釀熟成，「啊！說不定這樣做就能夠接近目標！」、「這麼說來，當時曾經關照過我的那個人或許知道些什麼」等等，可能會忽然靈光乍現想起一些事情……或許有點誇大，不過就是要讓想像空間膨脹並涵蓋到這些事情，以此設計出每一場會議。

　　我自己也是如此，為了讓星期五下午能夠處在自由氛圍下談話，我會盡量不安排工作，而是安排與成員交流的時間。

　　雖說是交談討論，我就是坐在成員旁邊，問問對方「你最近怎麼樣啊？」、「我有想到這個，你覺得如何？」、「昨天在電視上看到這個，很有趣耶」等等，

無論是工作上的事或是與工作無關的事，其實就只是閒聊。

到了週一我會準備 1 on 1 會議（谷歌將管理者與成員的後續指導面談稱為「1 on 1 會議」）。

「上週五提到的想法，我在週末期間思考了這樣的事情，你覺得如何？」

「不錯啊！這個部分可以再調整改善一下，下次的會議不妨試著提案看看吧」等等，立刻將想法加以具體化也是常有的事。

會議室裡整齊排列著冰冷、無生命的辦公桌，從上司到下屬依序排排坐好，前方掛著一塊白板……。我覺得日本企業被固定觀念所束縛，似乎有過於堅持會議「形式」的傾向。

　　但是，在那樣的環境下真的會出現好的想法嗎？而且有必要在那樣的環境中進行會議嗎？

　　依據不同的目標，最好的「環境」也會有所不同。即使是會議，也沒有必要在會議室內完成所有事項。不只是場地，包括時間、日期等等，當我們從反向計算思考營造會議的環境，從那時起會議就已經開始了。

！ 會議才是實現目標的「最快」方法

在日本，我深切感受到會議已經變成一件令人厭煩的事。

一到開會時間，員工帶著憂鬱的神情魚貫地進入會議室，有一搭沒一搭的聽著別人發言，把筆電帶進會議室內專心處理自己的工作，也就是與會議無關，所謂的邊開會邊「兼職」的工作。一遍又一遍低頭看著手錶，心想「唉，因為開會的關係，今天又得加班了……」而感到沮喪。

的確，要配合所有與會者的行程調整時間、預約會議室、冗長的開會時間，結果因為開會人數眾多，連一

次發言機會也沒有，這種傳統型的「沉重」會議，會被人所嫌棄也不是沒有道理。

但會議應該可以更輕鬆、更休閒，不是嗎？

在Google，有許多能夠讓幾個人站著交談的小桌子和自助輕食區，所以員工經常在這些地方舉行「即時會議」。會議召集人不用去調整個別的預定時間，只要詢問「現在方便嗎？」打聲招呼就可以開始開會了。就算不在同一個樓層，發送簡訊就能立即通知對方過來集合。

就日本的企業文化而言，臨時要大家「現在來開會吧」，或許是件失禮的事。不過Google重視的就是速度。

透過郵件多次往返溝通，若考量到在對方回覆前所產生的等待時間，**其實解決課題最快速的工具就是會**

議。一切都是從目標反向計算，開會時只要召集能夠產出結論所必要的最少人數，在短時間內當場決定。在普通企業撰寫一封郵件的時間內，就能夠解決一項問題。

正因如此，其實在Google，**會議的數量「很多」**。因為明白會議是解決問題速度最快且有意義的工具，所以也不會太討厭開會。反倒是慢吞吞的郵件往來有可能遭人嫌棄。

讓沉重的日本會議逐漸「輕量化」吧！用更輕鬆的心情召開會議，只要有明確的會議目的，應該就能夠不斷解決課題。需要努力解決的課題就擺在眼前，若能藉由開會解決，自然會想要「快點完成吧」！是的，因為會議就是展現團隊績效，最合理又有效的方法。

第二章

「會議進行」的鐵則

能將生產力提升至極致的九項原則

The iron rule

　　只要決定好會議目標，並將必須得出的會議結論確實地化作言語，就能暫且揮別「不知為何而開的會議」。

　　接著來解說實際舉行會議時的「鐵則」吧！會議的進行方式終究要配合會議目標去有彈性地改變，而我，彼優特，在此提出我在Google與摩根士丹利（Morgan Stanley）等風氣各異的公司工作時，所學到的「所有會議皆適用的基本原則」。

會議議程：
區分議程是「實務性」還是「創造性」

會議議程是決定會議流程的根本。

這就像是會議的「地圖」，因此議程若是不清不楚，那麼與會者再怎麼努力前進也無法抵達目的地。然而團隊的慣例會議這一類總是由同樣成員討論相同內容的會議，其議程多會在不知不覺中變得曖昧不明。

接著我們來看一個案例。各位對下一頁的會議議程A會打幾分呢？

會議議程A（常見的公司會議議程）

業務部門慣例會議2018　○月○日10：00～10：50

- 促銷活動「○○」腦力激盪（山田）
- CRM（客戶關係管理）工具之變更研討（鈴木）
- 獲得新客戶與維護既有客戶的資源分配
- 確認預算進展（齊藤）
- 公司內部人事制度的變更通知（齊藤）

會議議程B（彼優特式的會議議程）

業務部門慣例會議2018　○月○日10：00～10：50

- 報到（5分鐘）
- 【資訊共享】確認預算進展（齊藤）M　5分鐘
- 【決策制定】獲得新客戶與維護既有客戶的資源分配（山田）M　10分鐘

- 【決策制定】CRM（客戶關係管理）工具之變更研討（鈴木）M　5分鐘
- 【創意發想】促銷活動「○○」腦力激盪（山田）H　15分鐘
- 【資訊共享】公司內部人事制度的變更通知（齊藤）L　5分鐘
- 總結（5分鐘）

主題與負責人……僅有這些並不夠吧！

如果我是編制會議議程的會議引導者（facilitator），我會做成會議議程B的樣子。

除了「目標」外，我還新增了「優先程度」與「時間分配」這兩種要素。

「優先程度」在各項末尾以英文字母表示，分別為
H：High（高）、M：Medium（中）、L：Low（低）的
意思。由於過細的分類並不實用，所以將程度分成三階
段便已足夠。

另外要明確分配時間，倘若未讓所有與會者都知道
哪個主題要花多少時間，大家就無法判斷討論要擴展至
什麼程度。

然後我在會議議程裡新增了「**報到**」與「**總結**」。
會議必須具備入口與出口的設計，關於這兩點，稍後我
將會詳細說明。

我也改變了議程順序。

在考慮議程順序時，我會**特別注意該議程項目屬於
實務性或創造性**。

　　所謂「實務性議程」是能以YES或NO回答的標準化問題。另一方面，「創造性議程」則是產出創意、成立企畫或建立活動這般從無到有的類型。

　　以這個會議來說，腦力激盪是「創造性議程」，其他部分的決策制定與資訊共享則相當於「實務性議程」。

　　我們要盡量將議程分段，**把「實務性議程」放在前半段，並把「創造性議程」放在後半段**。之所以這樣安排，是因為「創造性議程」的討論自由度高，要是放在前半段，往往會意外拖長（實務性議程則請設下時限，快速完成討論）。

　　不過，優先程度低的議程項目是例外。這些項目包含再不濟也能用電子郵件處理的資訊共享項目，以及無法在該會議做出決定也不會導致嚴重阻礙的決策制定項目等。請一直把這些項目放在會議的最後，並視其他議

程項目的討論狀況將其延至下次會議，讓這種項目扮演緩衝的角色。

最後有件最重要的事，就是要事先把議程盡早分享給與會者。當天才急忙在會議前告知就太遲了。高效率會議的開始狀態是所有與會者都完成準備工作，並能以最高速運作。請讓與會者瞭解議程，必要時先閱讀、吸收資料，並事先思考自己的意見後再出席會議。

有時與會者會對議程產生疑問，或是需要調整議程順序，因此**最晚要在「會議前一天的上午」與大家分享會議議程**。這是讓團隊發揮出最佳表現的重要鐵則。

！會議資料：
嚴禁單機作業及電郵附件

　　我經常使用Google文件，一方面是因為我曾經在Google工作，不過其實還有一個理由，那就是想要透過在雲端硬碟上共用檔案，盡可能地減少資料往來造成的時間耗損。

　　在雲端硬碟誕生之前，資料往來的程序頗為繁複麻煩，像是「編輯資料，接著用電子郵件寄送最新版本，若有人指出有錯，就在修正錯誤後再次用電子郵件與他人共享資料」，有時還會發生這種情況：「啊！這是兩天前的資料。最新版是這一份才對。」這種資料傳遞上的失誤經常會發生。這多浪費時間啊！

　　難得大家活在如此便利的時代，就把資料全都上傳到雲端硬碟上共有吧！只要雲端硬碟總是上傳了最新檔案，就不用費心管理資料版本。

　　開會時只要把電腦畫面投影至布幕，並即時輸入討論內容，就能當場從零開始做出資料的大致框架或修正改良，不須費工夫去另外共享。我們不能將寶貴的時間，耗費在一一把檔案轉到隨身碟上。

　　提到製作資料，日本企業往往會花費許多時間，執意要「做出完美的資料」。其實就算資料只有雛形也沒關係，把資料帶到會議上，讓大家加入自己沒能想到的觀點或新想法，要有效率得多。總而言之，把細節設計全都延到後頭是基本原則。團隊裡需要有「內部用資料有點凌亂剛剛好」的斷然原則。

　　只要有一個成員把資料做得很完善，其他成員就會受到影響，思考「我是不是也該做到那種程度」。**對於**

資料品質的期望，不該交由個人判斷，而是團隊內要制定出統一的看法，這才是提升生產力的捷徑。

此外，這不僅限於會議，本來就沒必要一個人做出完美的資料。有人擅長制定策略，有人則善於調查數據或搭配出漂亮設計……有時候大家各自在擅長領域發揮能力，團隊一起同時製作資料，比較能發揮出好表現。

「我做了資料草稿，請給評語。」

「我找了去年的數據，放進資料裡了。」

「不覺得這個結論不好懂嗎？這是修改建議，請確認。」

只要好好運用註解功能，就會有這樣的對話一來一往，縱使不在會議中面對面，也能在電腦上借助團隊的

力量去大幅推進工作。我想大家應該能理解雲端服務多麼能夠提升團隊的生產力。**當你使用單機作業的資料，就算被說不注重生產效率也無以反駁，這就是現在的時代趨勢。**

不過每當我推薦雲端服務，幾乎一定會有人發表這種意見：「彼優特先生，這樣不會有安全問題嗎？」結果非常遺憾，就算是跟大型企業合作，對方多半也會說「資料製作好後，請以電子郵件寄送」。

但是請仔細地思考看看。在現在這個時代，大部分業種都不可能全面禁止員工將電腦帶到辦公室外（倘若強硬禁止，對生產力也會有負面影響吧）。假設有一百名員工把單機保存資料的電腦攜出公司，就會產生一百個洩漏風險。不過若是使用雲端就不用單機存檔，萬一電腦遺失，只要從最根本的檔案處管理存取即可解決。哪種方式比較安全應該很明顯。

　　說到底，那些人是不是把「安全」當作藉口，其實只是不想改變既有作法……只有我這樣猜想嗎？

會議記錄：
在會議當中完成會議紀錄

當自己收到一封郵件，上面寫著：「這是上次的會議紀錄，敬請確認」，但是自己卻已經想不起來那是什麼會議……在日本企業裡很常聽見這種事情。

在會議結束兩、三天後才送來的會議紀錄，不論寫得多麼仔細，會認真閱讀的人究竟有多少？為了製作會議紀錄或回想會議內容所花費的那段時間，生產力都相當低。

我建議要在開會時就把會議紀錄全部寫完。將紀錄者（會議記錄負責人）的電腦連接至會議室的投影機，並投映至布幕。接著只要以會議議程為基礎去即時製作會議紀錄，就能理解所有與會者「現在正在說什麼、

做了什麼決定」。而且也不需要設定兩個「紀錄負責人」，像是同時有負責寫白板的人與會議紀錄負責人。**當人被任命為紀錄負責人，往往會變成「不用思考也沒關係的人」。**會議時間明明很寶貴，卻有兩個「不發言的人」，這樣根本毫無道理。

製作會議記錄時當然要使用雲端的Google文件。只要預先將檔案連結一次分享給所有人，之後甚至連寄電子郵件的工夫都不需要。只須事先規定好，讓最新的會議紀錄總是補充在上方，如此一來就只需要一個紀錄檔案，且利於閱讀。

或許是因為我老是把「雲端、雲端」掛在嘴邊，所以總是讓公司外的人覺得我不會使用白板這種老式的工具，其實我經常使用。不過我不建議把所有事情都寫在白板上。**適合白板的是必須結構化的會議議程。**

雲端可惜之處，在於不適合以圖像去整理結構或依要素整理關聯性。若要以圖示說明，用白板隨意書寫繪圖比較能迅速推進討論，寫得稍微有點亂也沒關係。

然後隨意畫出的圖示可以拍成相片，立刻插入會議紀錄中。以搭配白板的這一點來看，比起 Google 試算表（類似 Excel 形式），用 Google 文件（類似 Word）製作會議記錄更方便好用。

會議記錄裡不需要寫出冗長的經過。必須寫出的事情只有簡單兩項：

- 決定的事（視需求寫出討論經過）
- 接下來的行動（由誰、在什麼期限內、做些什麼）

為了讓重點一目了然，我時常只把「接下來的行動」調成紅字，以顏色作區分。

！ 任務分擔：
「有計畫地」讓所有人公平輪替

在你的公司中，是否有既定的會議任務分配方式？

「每次都是上司負責引導會議」、「年輕員工老是負責當會議記錄，沒什麼能好好發言的機會」……這些是日本企業的常見光景。在我看來，會議裡就屬引導者（Facilitator）最能發揮影響力，這是能夠培育出領導能力的極重要任務。正因如此，倘若引導者固定由某個人擔任，就一定會出現「被動」的人。

如果是長期進行的專案，或者由工作單位的固定成員所進行的慣例會議，這一類會持續舉行的會議，

我都建議要明確劃分任務內容，並且要輪流分擔。

任務至少有以下幾項：

- 負責人（Owner，例如專案領導人、主管）
- 引導者
- 計時者
- 紀錄者（會議記錄負責人）

「會議負責人」擁有決定權，所以無法輪流擔任。除此之外，基本上所有成員都該輪流負責各個任務。

或許也有人會覺得不安：「如果任務不固定，不是要耗費時間去適應嗎？」、「如果引導得不好，不是反而會讓生產力下降嗎？」。但是透過輪流分擔各種任務，「所有成員都背負著運轉會議的任務」這樣的意識會確實加強，同時也會更進一步地加深自己對於討論內容的理解。最重要的是**自己擔任引導者，親身體會過管理方的辛苦，之後面對會議的態度就會確實地改變**。從長遠的觀點來看，好處遠遠多過壞處。

似乎有許多企業在煩惱要如何才能培育出自律的人才，並為此煞費苦心，不過若是藉由會議培養出員工的「當事者意識」，應該就可說是一種出色的培育成果吧。

令人意外地，日本的會議也時常忽略計時者的重要性。現狀是還有許多企業都只會設定大概的時間，也不會特別安排計時者這樣的角色。

可是，倘若主管是個「話很長的人」呢？「不好意思，課長，由於時間已經差不多了，可以請您說到這裡就好嗎？」有人能鼓起勇氣說這種話嗎？**為了別讓任何人扮黑臉去掌控時間，應該要事先分配好「計時者」的工作。**

計時者的任務說到底就是有系統地告知「剩下五分鐘」，以此將會議時間分段。舉例來說，會議設定了二十分鐘的腦力激盪時間，過了十五分鐘就要告知眾人「剩下五分鐘」。如果那時想出的創意還不夠，引導者

就要當場請會議負責人決定要在此停止腦力激盪，還是要把優先程度低的議程項目挪至下禮拜。

不過有些會議過於嚴肅，連「剩下五分鐘」都難以說出口。在那種時候，**好好運用智慧型手機等工具的鬧鐘功能就會有成效**。工具機械式地發出「嗶嗶嗶」的聲音，這時計時者再貌似抱歉地說「不好意思……時間好像到了」，這樣應該就能和平地結束討論。

引導者也能兼任計時者，但是時常會因討論熱烈而不小心忘卻時間。讓不同人分別擔任引導者與計時者，果然還是比較理想的辦法。

會議開始：
刻意讓所有人都發言後再開始開會

　　會議的開始方式也必須稍微下點工夫。在一般會議裡，引導者會先按照順序朗讀當天的討論議題，不過彼優特式的作法是先進行「報到」。在進入正題之前，我會請所有參加會議的成員把自己現在的狀態或想法說清楚。這就像是集中「更新大家的狀況」。

　　報到有各式各樣的方法，基本上是從引導者開始順時針輪流發表，並分別用二十秒左右的時間說清楚。實際採用了報到作法的會議，會出現什麼樣的發言？接著就來聽聽看吧。

　　田中：「我昨天有重要的簡報，相當費神，所以今天專注力可能會有點斷線。」

山田：「今天提出的是我從去年就一直想做的議題，我聽了許多人的意見後才把它統整出來，無論如何都想把它做好，請大家盡管給我回饋或告訴我想法！」

鈴木：「最近我的小孩又是發燒、又是感冒，給大家添麻煩了。由於我最近手忙腳亂，可能有許多事情沒做好，如果大家有注意到我的不是，再煩請盡管指教，謝謝。」

齊藤：「關於我提出的議程項目『CRM 工具變更之決策制定』，我希望不只是決定可否變更，還要在今天之內決定導入的日程。」

各位有沒有注意到「報到」有兩大種類？

一個是「**共享目標**」。

在寫「會議記錄」兼「議程表」的文件時，能納入的資訊量有其極限。「決策制定」說得簡單，實際上究竟要決定到什麼程度較好？太晚下決定會導致什麼樣的風險？像這種「**無法一一寫入資料，但是所有成員都必須知道**」的事情，也在報到時先告訴大家吧。

另一個種類是「**自我揭露**」。

看來田中與鈴木似乎一早就很疲倦。大家畢竟是人，狀況必定有好有壞。這種時候不如就試著臨機應變，改變會議的議程。

例如說「由於各位似乎很累，今天的會議就簡潔進行吧。問卷用網路共享就沒問題了吧？在疲倦時進行腦力激盪也無法產出好想法，下週再進行都還來得及，所以這次決定延期。今天討論完最低限度的議程項目就好了。」像這樣下點工夫，就能將會議時間縮短至二十分

鐘，省下來的時間就能讓大家早點回去休息，去除疲勞後，團隊整體的生產力也能獲得提升。

不過要像這樣確實地說出自己的感受，其實相當不容易。如果在日本的企業請與會者發言：「請進行到會報告」，實際上大家幾乎都只會說些無關緊要的話，像是「雖然很緊張，但我會努力的」或「今天也請多多指教」等等。

那種形式上的報到沒什麼意義。

報到是引導的一環，讓所有成員都能了解目標，並使討論能進行得更加順利；報到同時也是團隊建立（team building）的一環，能透過自我揭露提升心理安全感（psychological safety）。以節省時間的觀點來看，報到的這段時間乍看並不合理，但是以長期的觀點來看，能帶來品質更出色的會議成果。

> # ！
> # 會議簡報：
> # 連一張紙都不發的零紙張會議

　　光是簡報資料的製作及報告方式，就已經有非常多人出書指導，所以那些細節技巧我就讓給他們介紹。不過比那些技巧更重要的是「明確訂定簡報的目標」，這樣的論點我已多次重覆提及。

　　我與許多日本企業往來的感想是大家都著重於「做出完美的投影片」，然而目標卻曖昧不清。倘若目標是決策制定，那就只要準備簡單易懂的資料當作判斷素材就好；如果目標是資訊共享，那就只要把想傳達的關鍵訊息表達清楚即可。果斷地濃縮資料吧！

　　不論目標為何，都不需要準備數十張的投影片。連一秒都不要浪費在無謂的事情上，必需增加的是有意義

的會議成果。

當然，如同第一章所述，為了「激發情感」而講究視覺呈現，絕對不是在浪費時間。雖然想要講求視覺呈現，但又不想花太多時間……這種時候，就借助Google簡報（簡報工具）的力量吧。

Google簡報準備了適合各種場合用途的主題設計範本*，例如「諮詢」、「原型設計」、「個案研究」、「狀況報告」等主題。Google簡報甚至整理好各種狀況的排列配置方式，例如「里程碑」、「下一個行動」、「人物誌（persona）」等，因此就算只看過一次格式，對今後製作簡報資料應該也能有很大的幫助。

---

* 註：目前台灣的Google簡報似乎仍無此功能。日文版主題請參考下方：＜2-1-2.メリットその2：構成まで盛り込まれたテンプレート＞
https://funtre-blog.com/remotework/google_slide/

　　製作美觀的投影片，或者每次都讓各負責人為簡報架構傷透腦筋，老實說是在糟蹋時間。為了聚焦於簡報的本質，**領導者應推動成員去利用範本才是上上之策。**

　　以借助格式的力量這一點來說，為求資料視覺化（Data visualization），我也非常推薦大家借助Google數據分析（https://datastudio.google.com）的力量。為了讓數據資料更加簡單易懂，利用Google數據分析就能省下非常多的時間。

　　跟製作資料相比，簡報資料的「呈現方式」也是時常遭到遺漏的重點。

　　如果有希望能通過書面審查的企劃案，許多人都會將簡報投影片印成紙本，並發給所有與會者。然後會發生什麼事？在你帶著熱情進行簡報時，大家都死盯著手邊的資料。像是性急的人會翻到還沒說到的頁數，有一半的人好好聽講就很慶幸了。

當大家低垂著頭，氣氛也會逐漸變得凝重。不可思議的是當氛圍顯得沉重，人就會猛然轉換成「吹毛求疵」模式。結果大家盡是給予批判性的意見，這麼一來企劃案也可能會夭折。

既然如此，乾脆不要分發任何紙本資料，讓大家注意看前面的布幕吧。由於這樣做就不會有人急著翻看後面的資料，所以聽者能輕鬆控制專注力，更重要的是聽者會認真看著你的臉。**要將表情與聲調等訊息傳達給與會者，面對面開會才有意義**。把資料上沒寫的資訊傳達給聽者的人，才算是征服了簡報。

反之在所有人面前進行簡報，卻毫無「資料上沒寫的資訊」的話，老實說是在浪費時間。

不過簡報者必須傳達出「情感」的內容，或是沒有口頭補充說明就難以理解的新類型課題等內容則是例

外。舉例來說，定期數據報告等資料要在事先分享會議
議程的階段，就告訴所有成員「請先過目」。

　　**如果簡報內容全部都是已經寫在資料上的資訊，那
就禁止進行簡報**。只要事先跟所有與會者共享資料，當
天再直接用最快的速度開始討論即可。

會議時間：
以「二十五分鐘為單位」

　　適當的會議時長也因目標而異。如果目標是團隊建立，有些公司會以兩天一夜進修旅行的形式進行；倘若是每週一次的一對一會議，Google基本上都是花費五十分鐘。但不論是哪種目標，會議的時長設定請以「三十分鐘為一個單位」。

　　在Google，幾乎所有的會議都以二十五分鐘為單位。二十五分鐘的會議結束後，會將另外五分鐘當作移動時間。若是五十分鐘的會議，就把十分鐘當作移動加上恢復專注力的休息時間……作法就像如此。

　　這種方式還有一些細節上的優點，像是會議突然需要延長幾分鐘時，這些緩衝時間能讓下一個預定行程不

受到影響，而且**設定開會時間時採用較小的時間單位，也能更加提升緊張感，最後就能減少會議延長的次數**。

　　不知為何，日本人在設定會議時間時，多會「總之先設一個小時」，但是若從會議目標反過來推算所需時間，照理來說不必什麼都設成一小時。如果會議議程的預設時間合計為四十分鐘，那只要精準地用四十分鐘開完會議就好；倘若沒有特別要討論的議程項目，或者項目優先程度低，就不客氣地直說「本週不開會」即可。

　　只是每次都要思考「要不要開下一場會議」，這個行為本身就是在浪費時間，而且即使自己認為不用再開會，要說出「取消會議吧」還是需要一些勇氣。所以應該要訂定規則，例如「如果在前一天上午前沒有蒐集到新議程項目，或者只有優先程度為L的項目，就不舉行會議，僅以電子郵件共享資訊」。**像這樣訂立規則，團隊應該也會慢慢形成「無目標的會議是在浪費時間」的意識**。

還有一件重要的事，那就是成員要即時與彼此分享各自以什麼樣的時間排程再行動。

在我的公司裡，大家都會用Google日曆分享預定行程，並且會「擅自」調整彼此的行程。比方說，我與員工之間的一對一會議預計從隔天十點開始，但是卻突然有客戶的事要處理，這時我優先把客戶的事設定在隔天的十點，並在要開一對一會議的員工預定行程中尋找空檔，接著我會先對他發出邀請。雖然我有時會直接發一封訊息（chat）給對方，但是我不會一一寄信詢問，例如「不知道您的預定行程是否可以配合，請從以下日程中選擇您方便的時間」等。畢竟**只要先把作業所需時間也作為預定行程記入並與他人共享，就根本不需要另外詢問**。

為了讓其他員工不用跟我溝通就能掌握我預定行程的優先順序，我把優先程度分為【A】、【B】、【C】，並添加在日曆預定行程的前頭。A是絕對不能更改的行

程，B是或許能調整，C則是能夠變更或跳過該行程的狀態。因為員工知道優先順序，所以才能以分鐘為單位地去「擅自」調整我的行程。

不斷削減無謂的溝通時間，再把那些省下來的時間，拿來跟成員聊天以建立團隊等，把時間花在具創造性又有意義的事情上吧。

會議總結：
截止期限不可設定為「下次開會前」

　　會議本身不是目的，會議只不過是推進結論產出的部分過程。所以真正重要的是「成員在會議與會議之間所必須採取的行動，決定得有多明確」。

　　正因如此，**在會議的最後加入「總結」這個議程項目是很重要的**。「一次做好決定」的這項原則是會議鐵則，但是若有無法下決定的議程項目，就要像第一章提及的那樣，一定要區分「已知」及「未知」的事情。

　　「調查什麼之後就可以弄明白？」

　　「何時能知道？」

　　「誰要負責做什麼？要準備什麼才好？」

請養成把上述問題弄清楚再結束會議的習慣。

然後對於已經明白的部分，則要確認下一個行動，一定要訂定出詳細的截止期限才能結束會議。

若是訂下「請在下次開會前處理好」這樣大概的日程就結束會議，當預料之外的狀況發生，就可能無法在下次的會議裡得出必要的成果。

為了不使進度落後，內容多的資料要事先就讓大家看過，所以交期要設定在會議的前兩天。如果資料無論如何都要在前一天才能準備好，就要提醒所有人「前一天需要確認資料，所以希望大家空下時間」，一定要預想到確認與之後回饋所需要的時間，設定出提前的截止期限。

！ 會議檢討：
將「會議進行方式」納入議程

　　即使是具有明確目標才展開的會議也藏有危險性，若是沒有適度「維護」會議，很遺憾地，會議往往會淪為「為了開會而開的會議」。

　　因此，我會定期把「檢討會議進行方式」這樣的議題納入議程。開會頻率、時間設定、資訊共享工具、溝通量……會議從各種角度來看都有檢討空間。「要不要把會議時間縮得更短，然後提高頻率呢」、「是不是該抽更多時間出來進行團隊建立」，我會提出這一類的假設，更加深入地研討會議進行方式。

　　人類總是一不小心就會流於形式。即使會議剛開始的討論內容都很充實，也會在不知不覺中變成每週聚在

一起本身就是目的。正因如此,我們要時常質疑現狀,**為了不使會議流於形式而進行管理,這樣的觀點對會議而言是必須的。**

若以「質疑現狀」的觀點來思考,甚至連參加會議的成員也需要經常更新。Google 與摩根士丹利對於會議表現的要求也都相當嚴格,所以才會有不成文的默契:「不在會議上發言的人,沒有參與會議的意義」。在會議上發言就是對會議討論的內容有所貢獻。換言之,不發言的人會被蓋上對該工作毫無貢獻的「表現不佳者(underperformer)」之章。

因此我們要不斷把不發言的成員從會議中剔除……話說得容易,實際上卻沒有那麼簡單。

所謂「把成員從會議裡排除」是很敏感的行為。更不用提職位在自己之上的人,考慮到心理上的負擔,要由自己開口說也並非易事。

　　那麼要傳達難以啟齒的事情時，應該要注意些什麼？我認為最重要的是「發言是否具有建設性」。

　　建設性發言並不是在「指責」個人，而是為了「改善」團隊整體而說。所以必須有禮地向對方表達自己是在釐清現狀後，為了更加改善狀況才有此發言。

　　舉例來說，倘若A在專案會議上完全沒有想發言的跡象，自己可以說：「希望可以得到您代表所屬單位所能給予的意見，是否有什麼事讓您掛心呢？還是您對這個專案本身沒什麼興趣？如果您工作忙碌，不太能擠出時間關注這個專案的發展，那是否可以請您推薦貴單位其他合適的人？」我認為像這樣以「只是想提供A更好的選擇」為前提去詢問對方，就能夠改善狀況。

　　「這個會議不需要你」的這種說法即便是事實，對方可能也會覺得這是針對他個人的「指責」，而不是為求改善的建議。**不考慮他人感受就發言，縱使再有道**

理，也不得不說這是種不成熟的溝通方式。雖然已經提過，不過我認為「工作要捨棄情感才是專業」的這種想法已經過時了。

另外「會議成員必須固定」的這種想法本身也逐漸要過時了。會議該有什麼成員，說到底重視的都是會議成果。不可以只是為了打造出「全體共同決定」的形式，就讓不發言也無所謂的成員參與會議。只要每次都從會議目標去往回推算判斷，「得出會議成果所需要的成員」理應回回不同。只要以最低限度的必要人數開會便已足夠。

重新審視與會者很重要，不過有時更要重新審視會議本身的存廢。

假使討論會議狀況的結果是過去雖然需要該會議，但現在其必要性已降低，那就下定決心廢止吧！

停止會議是很困難的決定。尤其日本企業往往把「停止」視為「負面」，就這樣讓不必要的會議在不知不覺中一直持續下去。這種時候我建議可以不要「正式」廢止，而是試著「暫時」停止。只要沒有急著討論的議程，就先試著「暫時」停止會議吧。以「發生問題就隨時重新開始會議」為前提去試著停止會議後，大多時候都不會有問題發生。

就算只有一點點也好，只要對會議的必要性感到疑惑，就要試著暫時停止。持續兩週都跳過會議後，大概就沒有問題了。

但是有一種會議是**即便議程不明確也「不可以停止的會議」**。那就是**發想未來新事物的創造性會議**。

Pronoia Group是我自己經營的公司，我會跟公司成員定期舉行名為「Pronoias」的會議，頻率為兩週一次

左右，每次二至三小時。該會議並不處理攸關日常業務的實務性議程。

這個會議確保了成員自由發想、彼此討論的機會，像是討論Pronoia Group的未來走向、哪裡會有尚未發現的商機。

這種會議是否能想出答案的不確定性很高，所以當大家被日常工作追著跑時，往往會忍不住把這類會議往後延。不過正因為現在這個時代變化極快，才**必須把創造新事物的時間變成慣例行程**，不是嗎？不可思議的是越會在會議上說「好忙、好忙」的公司，其實越會疏忽構思未來的會議。

Pronoias會議還導入了另一個奇特的機制。那就是刻意「不決定」議程。

在會議的報到時間，當成員發言：「我今天想說這樣的事！」我們會依其幹勁或可能性，當場決定當天議程的順序。因為如果目標是創造新事物，就不能不把會議議程的決定方式，也變成一件滿溢能量的事情。

覺得「會議很麻煩」或「如同預期很無聊」的人應該很多吧。但是現在請思考一次看看。打造出「如同預期又麻煩的會議」的人究竟是誰？倘若會議很無趣，那你能做些什麼去讓會議變得刺激又具生產性？

請一定要以本章內容為基礎，自己嘗試提出意見。然後為了讓大家方便提出意見，請務必要試著把「檢討會議進行方式」定期加入議程裡。

第三章

「會議引導」的鐵則

減少情緒層面的糾葛，增加想法層面的碰撞激盪

The facilitation

　　我在第二章向大家傳達了會議進行的規則，但是就算按照其道理去實行，應該也無法只靠這些就能馬上打造出理想的會議。規則可謂只是支撐會議這個舞台的「骨架」。舞台整頓好後，下一步就必須要管理在舞台上一來一往的溝通。為此需要的是「引導」這項技能。「規則」與「引導」這兩者相輔相成，不論缺少哪一種，會議都會無法好好運作。

引導正是「AI時代的必備技能」

Google會個別提供有關引導的員工進修課程給所有職員。員工並無參加該進修課程的義務，但是大家都會不斷地自主參與，尤其從別處轉職過來的人更是如此。這是因為他們實際體會到，參與Google這種具有速度感的會議時，若是不具備引導技能就無法對會議有所貢獻。基本上Google會讓大家輪流擔任引導者，所以不能說「我不當」，大家都處於不被允許放棄的環境。

另一方面，日本企業又是如何？現狀應該都是主管兼任引導者，或者根本沒有特別選出一位引導者，引導者在日本企業未必會受到重視。我很少碰到會說出「我在公司進修過引導相關課程」的人，令人遺憾。

我認為「引導」才是商務人士今後的必備技能。因為所謂的「引導」，是能創造出集體智慧的極知性高度技術。

公司成員類型多元、想法各異，我們要以大家相互碰撞的意見為基礎，確實地將討論引導往單一結論。在大家互相表達意見時，有時會產生情緒層面的糾葛，但是即使如此也不要迴避糾葛，反而要積極引導出大家的意見，並將那些意見昇華為想法層面的糾葛。這是機器做不來的工作。**若要成為AI無法取代的人才，習得「引導」便是最可靠的捷徑。**

而且今後社會的變化會越來越快，人才流動的程度也會提升。比方說在這種大環境底下，在大企業工作的人可能會進行自己在公司外的新創計畫，開始建立新事業；或者有外部的設計師或編輯加入專案團隊等，與「新類型的工作夥伴」共同完成「新類型工作」的機會也會逐漸增加吧。然後當工作夥伴越多樣化，引導技

能的必要性就越是提升。在環境變化不斷的時代，若是在熟悉的工作夥伴面前才能發揮出好表現，那就太不像話了。若要推動工作方式改革，應該要更加重視引導技能。

那麼引導的重要性就提到這裡，話說回來，「引導」究竟是什麼？引導應該要發揮出什麼樣的作用？現在就試著重新思考一下吧。

一般多把引導視為「為了讓團體活動順利進行所提供的支援」，不過我總是這樣說明：「**引導是推動『得出成果的過程』。**」引導者則是推進該過程的人。

時常有人認為引導者只是會議裡負責「整理討論的角色」，但是只要會議的目的是要得出某些「成果」，那麼讓討論接近成果的過程就全都是引導。所以嚴格而論，不只有會議場合需要引導的力量。事前準備會議議

程，或是要求與會者事先瞭解什麼、產出什麼，這些都
是引導的一環。

　　應該也會有人覺得「引導者太難當了」，但是請放
心！透過學習與實踐，誰都能習得引導者必備的技能。
接下來我將在本章按照順序傳達其方法。

！優秀人才在會議前悄悄進行的「溝通」是什麼？

　　縱使設定了會議議程的時間分配，也時常會在決策制定上花費超乎預料的時間，導致會議延長。這種狀況有可能是因為引導者沒能在會議上好好控制討論，或者計時者沒發揮其作用，不過根本的原因在於「事前準備不足」。若在什麼都沒有的空白狀態下召集成員，不論是什麼會議，光是理解研討內容就頗為費時，一不注意就得「延後結論」也是理所當然的。

　　無論任何會議，與會者都必須事先做好腦袋與心的準備，然後引導者作為「『得出成果之過程』的推動者」，有責任督促大家做好準備。

　　具體方式像是分享會議議程或確認日程時，要請與會者熟讀資料，以及請大家先針對研討課題思考，準備好自己的意見等等，引導者要從目標往回推算需要些什麼，並事先提醒大家。**引導這件事在開會之前便已開始。**

　　會議議程沒在期限內訂定出來、資料沒做完……這種時候，會讓人不由得想抱怨一句「那個誰沒有做事」，我非常能理解這種心情。然而這種發言不太具有建設性。雖然這樣似乎有些嚴厲，不過對於引導者而言，讓他人準備好該準備的事情，終究是自己「工作的一部分」，請認清責任歸屬。

　　雖說如此，但若每次都要顧慮其他成員，煩惱「差不多該提醒對方了吧，不、還是再等一下看看好了……」這樣果然還是太累了。我認為應該要建立提醒的規則，由團隊決定督促的時機點。

　　另外，會煩惱議程的優先順序該如何安排的會議，有時必須要**為了確認「議程設計是否適當」而舉行「五分鐘事前會議」**。

　　有時我總覺得會議成員提出的議題優先程度，跟會議負責人的觀點有所差異。那種時候，我會毫不猶豫地跟會議負責人說「不好意思，請給我五分鐘就好」。

　　「這個議程項目再多花一點時間比較好吧。」

　　「相對地，要督促所有與會者針對腦力激盪這個項目，在開會前最少想出一個提案。」

　　就像這樣，引導者與會議負責人要事先確認會議內容，例如議程時間分配與優先程度是否適當。

　　就算對方是忙碌的上司也不必客氣。若用僅僅五分鐘的事前會議去減少一次「延後結論」，便可省下預計

再度聚集開會的協調成本，也能比競爭對手更早獲得商
業機會⋯⋯如此一來不只是會議，連公司整體的生產
力都非常有機會能提升。反過來說，引導者的表現就是
對團隊整體表現具有如此大的影響力。

在會議開場就設計「前提」，消除擔憂

一提到引導，大家關注的往往都是引導出與會者的意見或統整等過程，其實在那之前有個非常重要的程序是「前提設計」。

在沒有「前提設計」的會議裡，常有與會者害怕情緒層面的糾葛產生，因而噤若寒蟬，沒頭沒腦地浪費時間。

比方說業務在心裡對開發人員有所抱怨，開發人員也一樣，平日就對業務抱懷不滿。但是雙方都不想成為被攻擊的對象，因此發言相當曖昧不明，或是乾脆轉移焦點，說「競爭對手用低價搶占市佔率」等等。引導者

雖然明白該狀況，但也實在說不出「你們有什麼話想說，不如就直接說出來」。結果討論偏離議題本質，結論也跟著偏離……

顧慮對方心情是比起自己的意見，更重視「對方怎麼想」，並從這一點去考慮傳達方式，為顯現出日本人特質的溝通方式，我也非常敬佩這種細膩的作風（比起對方的想法，美國人更以自己現在該說什麼為優先，時常毫不退讓，所以偶爾會讓人感到疲憊）。

但是以會議來說，這種日式細心也有導致生產力下降的一面。

結果大家害怕的都是自己的發言會引起情緒層面的糾葛。既然如此，那引導者只要明確提出前提，藉此事先消除該恐懼即可。舉個例子：

「雖然今天沒有時間，但是這件事非得要得出結論不可。或許也會有意見相左的情況發生，不過我們要用『attack the problem, not the person（對事不對人）』的精神討論！」

「我想要盡量在會議剛開始的階段就釐清論點，所以從會議開場就儘管把想法寫下來排在桌上吧。別擔心，大家一出會議室就會和好了。」

就像這樣，只要嘗試帶著一些幽默去傳達前提，一眨眼就能消除不安。

在日本的會議裡偶爾會有一種情況，當與會者知道有必須改善的地方，卻擔心其他人會說「什麼啊，你沒做的幹勁嗎」或「你連替代方案都沒有，發什麼言」，於是便將所知資訊束之高閣。在那種時候，如果是我的話就會說：「一直以來都多虧在場各位的努力，才讓公司營運得如此順利。我想各位比任何人都更清楚需要改

善的地方，所以今天請在這裡暢所欲言。大家一起思考
該怎麼做吧。任何『抱怨』都非常歡迎喔！」我會加上
這樣一段話後再開始會議。**引導者該具備的基本心態，
是發言在任何時候都要具有建設性。**

！將隨機性導入討論之中，營造緊張感

前提設計好後終於要進入討論，在這個部分需要引導者發揮其最基本的作用「引出意見」與「統整意見」。首先從「引出意見」這個步驟開始，按照順序看下去吧。

我想實際擔任過引導者的人都知道，要在會議場合順暢地引導出所有人的意見，並非一件簡單的事。一旦要募集意見，報到發言時態度原本溫和友好的與會者，就會開始避開眼神交集，這種事時常發生。正因如此，才需要特別安排引導者這種「負責引出意見的角色」。

在沉重的氛圍裡難以產出具建設性的意見。不過雖說無人發言，也不能迫不得已地說「按照順時針發言」

或「首先從部長開始發言」，用慣例作法指定發言順序會讓思考模式僵化。那種時候可以這樣做：

「今天按照頭髮長度的順序發言吧。」
「從身上有灰色的人開始。」

像這樣用平易近人的感覺去指定發言順序如何呢？我不是在開玩笑喔。營造親切的氛圍是為了提升心理安全感，這也是引導的一種作法。

當然，像「是否要踏入新市場」這種要決定公司未來的嚴肅議程項目，可以不必做得如此平易近人，總而言之，我一直都很重視**「將隨機性導入指定發言的方式」**。

這麼做也是為了打造出「事前無法知道會從誰開始發言」的狀況，讓與會者為了隨時被點名都可以而事先認真思考（建議可以事先準備好退路，讓與會者被點名

後無法馬上回答的話也能「先跳過」，這也是讓會議更加輕鬆順利的技巧）。

　　另外，當大家盡是給出可以視為YES也可以解釋為NO的曖昧意見，刻意「設下限制」也是能有效引導出明快回答的方式。例如請大家針對某個方案回答「贊成」或「反對」，並說明理由。這也是「前提設計」的一種方法。

！ 要提出能「釐清狀況的問題」

　　不用說也知道，對會議而言最浪費時間的就是「沉默」。引導者的腦袋裡必須總是準備好能打破沉默的問題。

　　舉個例子，有一個十分出色的 A 草案，大家在討論計畫時充滿活力，不過一旦開始思考要著手實施的具體方案，氣氛就莫名變得沉重，發言也減少。這時引導者看出與會者的想法是「若要實際執行，似乎會有很多困難的調整作業」、「現在已經非常忙碌了，所以不想要再增加額外的工作」。像這樣隨著討論接近結論，會議現場往往會因各自的想法，或者低度的實現可能性而陷入沉默。

　　這時不可以跟著一起沉默，能用提問打破沉默的人才是出色的引導者。

　　引導者不需要做什麼困難的事情，提問時要注意的只有一點，那就是「釐清狀況」。

　　倘若與會者似乎認為「現有計畫的實行可能性不高」，引導者可以問：「如果要順利實行計畫，還需要些什麼？」

　　假若瓶頸貌似在於工作量增加，引導者可以問：「需要幾位擁有什麼樣技能的人幫助，才能讓計畫順利進行？」

　　引導者要像這樣時常釐清沉默的原因，並具體列出能解決問題的必須要素。引導者並不是非得要自己解決課題，只要在會議上提出具有建設性的問題，促使大家共同解決課題即可。

！面對複雜的議程項目，要事先收集資訊

引導最困難的地方，在於按照安排好的時間，將決策導往所有與會者都能接受的方向。當引導者讓大家針對課題發言：

「我是這麼想的。」

「可是我認為是這樣。」

「稍微試著轉換一下觀點比較好吧？」

就像這樣，大家在表明意見時，原本十分鐘的預計時間一眨眼就延長至三十分鐘、一個小時，還在統整選項時，時間就到了……這是會議的常見光景。**大多時候，會議「下不了決定」的原因在於耗費龐大的時間在「找出選項」上。**

　　引導者的任務是將所有意見確實地儲存下來，不被一個個意見牽著走。把「選項」列出來，並將各選項預想的「好處」與「壞處」寫出來吧（如果另外安排了紀錄者，就督促他紀錄吧）。光是這樣做就能大量減少「論點不清楚的發言」。

　　如果討論的是更複雜的議程項目，無法在討論時間內完成決定，但是延期又很困難時，理想的作法是**在開會前預先詢問關鍵人士的意見後，準備好Ａ、Ｂ、Ｃ三種方案，並且先整理出已知的好處與壞處。**

　　「我在事先諮詢後準備了Ａ、Ｂ、Ｃ三種方案，這些方案各自有這樣的好處與壞處。請問○○先生／女士，除此之外還有什麼好處或壞處嗎？」只要這樣展開討論，就不會有重複的意見，論點也能變得更加清楚。除了會議結論外，連會議流程都要事先想像過並提前行動，只要能做到這些，你也能成為一流的引導者。

將水倒入紙杯中並故意打翻

　　除了「引出意見」與「統整」外，引導者還擔負著一個重要的工作，那就是「營造現場氣氛」。

　　負責主持會議且站在某種掌控立場上的引導者，有可能動輒做出強勢的舉動。但是擔任引導者的主管若是說：「為什麼業績都沒提升？瓶頸是什麼？趕快回答！」這種態度會讓對方的心理安全感瞬間消失，我想這樣怎麼也無法得到有意義的答案。

　　為了運用「會議」這種有限的空間與時間，並在其框架中得出會議結論，引導者必須打造出「每個人都能發揮出最佳表現的會議狀態」。那與心理學家米哈里・契克森米哈賴（Mihaly Csikszentmihalyi）提倡的「心

流（flow）」很相似。根據學術研究，若不適度取得專注力與放鬆之間的平衡，人就會無法冷靜思考。**臭著臉營造出強勢氛圍的人，不論職位多高，都是不及格的引導者。**我之所以重視幽默，也是為了營造出放鬆的狀態並控制緊張感的這項明確目的。

引導者不只需要營造氣氛的技巧，有時還需要刻意「破壞氣氛」的勇氣。我偶爾會預想到「今天好像會產生情緒層面的糾葛」，這種時候我會若無其事地事先把水倒入紙杯。然後在會議過程中，當討論變得激烈，快要吵起來的時候，我會故意朝著正在爭執的兩個人弄倒杯子。

如此一來，剛才還處於亢奮狀態的兩人就會說「我幫忙拿衛生紙吧」、「不用了，沒關係的。你有被潑到水嗎？」兩人會像這樣恢復平靜，自然地冷靜下來。

　　做到那種地步或許有些極端，不過只要引導者有意識到營造氣氛也是自己的工作就好，像是在適當的時機向大家喊話：「大家試著深呼吸一下吧」、「光好刺眼呢。把百葉窗拉下來吧」，或是嘗試夾帶一些幽默說「哎呀，總覺得這樣下去真的會吵起來耶」，像這樣試著「破壞氣氛」如何呢？

！難以下決定時的疑難排除法

　　前面解說了引導的技巧，不過會議是活的，過程中可能會有意料不到的發言或麻煩，導致會議無法如同預想般地進行，這種狀況時常出現。為了能確實地將會議引導往自己所期望的成果，就先預設各種場面狀況，進行幾種疑難排除（troubleshooting）吧！

問題① 因「該現在下結論嗎」而起爭執

　　「這要更慎重地研討才行。現在下結論還太早了吧。」

　　「不，應該要先做做看並觀察結果！」

「那你能承擔失敗的責任嗎！」

這種對話常見於各種會議。

　無法得出結論的狀況類型有好幾種，至於這一種的問題，不是爭執要在選項中「選擇哪種結論」，而是根本在「該馬上下結論嗎」就產生對立。這種時候，引導者必須正確分類並整理正在處理的課題類型，而用以解決課題的一種架構**「庫尼文架構（Cynefin framework）」**就能在此時派上用場。

　「庫尼文架構」在二〇〇八年由《哈佛商業評論》發表，為相對較新的架構，它將人所面對的狀況分類，是一種為了能適當制定決策並發揮領導能力而參考的方針。

　類型分類如下（圖1）。引導者要判斷會議討論的議題屬於這些類型中的哪一種，各類型必須採取的處理方式也能分類（圖2）。

圖1　問題的種類與特徵

Complex （錯綜複雜類） 「原因」與「結果」之間的 關係無法預測且會流動變化。 必須提出某些假設	Complicated （繁雜類） 能釐清「原因」與「結果」之間的 關係，但是需要專業分析
Chaotic （混亂類） 狀況陷入混亂， 難以找到「原因」與「結果」 之間的關係	Simple （單純類） 「原因」與「結果」之間的關係 在誰看來都相當明瞭， 也知道處理對策

圖2　各別的處理方式

Complex （錯綜複雜類） ↓ 集中選出幾種假設並先展開行動， 採用短期的PDCA循環	Complicated （繁雜類） ↓ 先慎重分析再處理
Chaotic （混亂類） ↓ 不需要假設。 以由上而下（Top-down）的方式 立刻行動	Simple （單純類） ↓ 立刻行動

實際用在會議場合時，如果覺得從基礎開始說明這個架構很麻煩的話，那就提問：「這個問題必須花時間研討嗎？還是必須馬上展開行動、獲得回饋？」各位可以像這樣只提出這一類的問題，試著先定好「結論得出方式」的方向。

現在來嘗試把幾個可能會實際成為會議議題的狀況進行分類。

- Simple（單純類）……辦公室的電費增加
- Complicated（繁雜類）……主力商品業績下降
- Complex（錯綜複雜類）……開發以既有顧客與新顧客為目標的新商品
- Chaotic（混亂類）……分店機能因突來災害而發生障礙

單純類的課題似乎「把空調的設定溫度提高一度」就可以解決，所以在會議上共享這個資訊，或者單純以

電子郵件傳達應該就可以了。

　　繁雜類的課題「主力商品的業績下降」，需要蒐集行銷與意見調查等各式各樣的數據，並嘗試加以分析。接著再根據分析結果，在會議上提出數種假設，並從中找出最合適者。

　　錯綜複雜類的則是「開發以既有顧客與新顧客為目標的新商品」，這種課題無法透過既有數據或調查去判斷理想作法。在縱使研討也難以判斷結果的時候，原型設計（prototyping）便能發揮作用。若要做出從前沒有的產品，就需要作為基礎的原型（prototype）。透過共有相同的形象概念，一起思考什麼東西適合、需要什麼功能，一邊思索好主意，一邊重複進行小小的選擇，以這種作法將大家導往應該邁向的目標。

　　「分店機能因突來災害而發生障礙」的這種狀況，無疑是場混亂。面對目前必須處理的事情，要一邊尋求

對策，一邊思考需要什麼才能從根本解決問題；有時則必須由上而下地快速決策。這種時候沒有時間採取民主方式去問眾人的意見。

請大家要知道，「**決策要由上而下還是由下而上（bottom-up）**」、「**要立刻行動還是先分析**」等，不同的問題性質所必須採取的處理方式也有所不同。

過往至今，日本企業、行政機構與集團致力處理的問題以「繁雜類」為主。只要進行周詳的調查與分析，就能建立出某種程度的對策，過去都是這樣藉由累積know-how去持續成長。然而我們現在面對的問題，多了許多屬於「錯綜複雜類」範圍裡的課題。就算預想未來狀況並訂立計畫，市場狀況也時刻都在變化，在這種狀況底下，連詳細分析都是在浪費時間。該學習的不是過去，而是現在與未來。

若要提出假設就要製作原型，反覆進行小小的判斷與決定，並以此推動過程吧。**日本企業往往特別容易把「繁雜類」與「錯綜複雜類」搞混**，所以自己擔任引導者時要特別注意。

問題② 討論重提

舉行會議時，有時候會碰上幾個典型的「麻煩人物」。

例如「重提舊話題的人」。當大家暫且決定好結論，這種人卻會說「剛才講的那件事，果然還是要再多蒐集一些資料比較好吧」、「再稍微討論一下比較好吧」等，用消極的意見潑冷水。這類型的人乍看是思考謹慎，但其實只是不想因自己的錯誤導致失敗。

跟那樣的人慎重又巧妙地建立共識吧！

因提倡「水平思考（Lateral thinking）」而聞名的愛德華・狄波諾（Edward de Bono）有一種思考法叫作「六頂帽子思考法（Six thinking hats）」。這個簡單的方法是他在一九八五年研究出的古典思考法，不過至今仍十分有用。

所謂「六頂帽子思考法」是在思考事情時，為求讓所有參與者都用同一種觀點去思索的思考法，並用「六種顏色的帽子」做比喻。六種顏色的帽子各有不同的特徵，（在心中）戴上其中一頂帽子時，不可以用其他思維去思考。帽子的特徵如下：

- 白色……以客觀事實與數據（資訊）為思考基礎

- 紅色……以情感觀點去思考

- 黑色……帶著批判性觀點去思考弱點

- 黃色……以樂觀又正面的方式去思考

- 綠色……帶著創造性思維，從新觀點去思考

● 藍色……建構思考過程，以調節管理的角度
　　去思考

嘗試運用這個方法，就能在討論時一點一點地建立
起大家對各議題的共識。舉個例子，如果腦力激盪設定
的目標是「思考新產品的原型」：

(1) 讓所有人知道今天腦力激盪的整體進行方式
　　（藍色）→

(2) 思考市場環境、競爭狀況與自己公司的限制條
　　件（白色）→

(3) 除去限制條件，嘗試發揮創意去構思產品（綠
　　色）→

(4) 針對步驟3提出的原型草案，列舉缺點與可能
　　風險（黑色）→

(5) 反過來思考優點與成功後的可能性（黃色）→

(6) 針對原型草案，討論在情感層面上是「喜歡」
　　或「討厭」（紅色）→

(7) 縱觀4、5、6，思考不足的資訊（藍色）→

此時回溯先前程序或獨自戴著不同顏色的帽子去思考，就會被視為「妨礙會議進行」的行為。引導者要明確指示「現在必須針對什麼思考、如何思考」，藉此就能讓大家認知到自己現在處於哪個思考程序之中。這樣就能預防議論失去方向或討論重提，使大家可以一邊確認進展，一邊小心地凝聚起一個個共識。

「六種顏色的帽子」跟庫尼文架構一樣，不需要從基礎開始說明其架構，或採用形式化的作法告訴大家「現在開始戴起●●的帽子吧」。引導者只要說「現在請從好處的觀點給予意見，之後再慢慢檢查缺點吧」，像這樣示意大家「**現在處於哪個階段**」、「**接下來要轉往哪個階段**」，以此整理流程就夠了。

問題③　討論偏離核心

「發言偏離重點的人」也一樣能控制。

常有一種人，其發言內容會完全偏離議程項目的範圍，讓討論變得混亂，例如在討論下半期（會計年度）的業績提升策略時，這種人就會說「說到底，業績不佳是因為品牌建構（branding）的方向錯了吧」、「商品還沒有完全掌握消費者的需求。商品開發還有檢討的餘地吧」。

會議議程事先就已經決定好。如果那個人想要討論品牌建構或商品開發，至少也要預先加入議程。話雖如此，當有人說起議程內沒有的議題時，引導者可以說「謝謝您的意見。我認為品牌建構的事情必須要請行銷負責人前來參與討論，請問要安排在下次的會議裡嗎？」無論如何，自己也用具有建設性的方式問問看

吧。問了之後應該就能明白發言者的本意,究竟那只是
「藉口」這種層級的發言,還是真的想討論。

　　這是現有的會議參與者能馬上解決的事情嗎?需要
一些時間嗎?這件事若無其他單位或經營階層的幫助
就無法解決嗎⋯⋯引導者要仔細區分知道與不知道的
事,同時建構「得出會議結論之前的過程」,藉此釐清
與會者的立場與必須要做的事情。

　　還有一件重要的事,如果發言者是認真地指出問
題,引導者又清楚知道這個問題無法當場解決時,就要
趕快結束會議。

　　「今天的會議就到此為止吧。請●●先生／女士去
詢問其他單位是否能提供協助並整理狀況,大家兩天後
再開一次會吧。」

像這樣將下次的議程決定好，不拖延下去是很重要的。不可以一直持續沒有重點的討論，讓時間被「偷」走。

問題④　未執行交辦工作

有些人愧對商務人士的身分，例如「沒有做好準備」或「沒做好自己承諾的工作」。縱使會議議程與會議紀錄上寫明了責任歸屬，還是有人會以「忙碌」為由而沒把事情做好。然而即便如此，指責「那個人糟透了」或索性放棄都不是具有建設性的態度。

在那種時候可以以改善為目的，用具有建設性的方式耐心詢問「沒能準備好的理由」，釐清問題所在，例如「上次拜託您輸入的問卷資料是否很費事？如果是這樣的話，是不是再減少一些項目比較好呢」或「關於之前拜託您處理的資料，我準備了推薦的樣板（template），您要不要用呢？如果您有更好的樣板，希

望您能推薦給我，那樣我會很高興的」。

在會議最後進行總結時，不只要確認誰要在下次開會前準備好什麼，還要確實獲得「回覆」，這也是種有效的作法。讓與會者在所有人面前回答一聲「知道了」，**使對方產生「在大家面前承諾過了」的認知，光是這樣做就能一口氣減少與會者莫名沒把事情做好的狀況**（相反的，在某些會議裡有很多人沒做好被指派的工作，這種會議對於總結往往草率以對，並會避免去釐清誰要負責做什麼）。

人只要實際感受到「他人對自己有所期待」，就會起身行動。

不要不容對方選擇地命令他人，而是要說「●●先生／女士最擅長這個工作，那就拜託您了」，像這樣帶著期待委託對方，對方一定會對會議有所貢獻才是。畢竟既然對方能參與這個會議，就代表他應該是能為會議

成果作出某種奉獻而不可或缺的人物。

　　順帶一提，若Google的主管在開會時稍微有些遲到，又說「嗯……今天的會議要討論什麼」，與會者就會將這種人視為「無能的人」。日本企業的常見狀況是會議剛開始時，與會者會先對上層報告，Google開會的前提則是大家都先看過必要的資料，然後會議一開始就以最快的速度展開討論。

問題⑤　直到最後都無法統合意見

　　當引導者引出大家的意見，謹慎地凝聚共識，同時也將選項整理完備，但是不論哪種方案都有著不相上下的優缺點，不管怎麼樣都無法做出最後的決策……會議本來就會碰上這種困難的局面。這種時候，最糟糕的處理方式就是拖延問題，像是跟大家說「再繼續討論吧」或「再仔細思考一次看看吧」。

　　結果最後並無「由會議負責人決定」之外的選擇。
由於會議的目標是「提出對專案或團隊而言最好的會議
結論」，所以設立這個會議的負責人有責任要達成這個
目標。

　　無論談論再多理想，會議仍舊沒有「全場意見一
致」這回事。不，說得乾脆一點，**追求全場意見一致根
本是浪費時間**。我過去工作的職場有一項潛規則是「雖
不贊成，但承諾配合。（Disagree, but commit.）」不論
自己贊不贊同某個意見，團隊一旦下了結論，所有成員
就要發揮最佳的表現去達成。

　　只要在團隊裡工作，就會經常碰到成員意見分歧的
狀況。不，應該說大家意見完全相同是相當罕見的事。
即便如此，一旦參與會議並服從了決策的內容，就會產
生commitment。這個詞彙很難翻譯，或許「決定要做
的事情就要做到底」是最接近的說明。

　　參加會議代表得到發表自己意見的機會。正因如此，**盡力參與討論後，縱使個人無法贊同結論，也要盡全力讓結果成功**，這是每一位與會者所擔負的使命。

　　另一方面，在日本企業常常會聽見這樣的台詞：「我覺得那個決定有問題」，而且這種話大多會在會議室外聽見。但是可能那個人剛才在會議室裡沉默不語，完全不發言，向他確認「各位都同意這個結論嗎」，他也明確地說了「同意」……

　　最後這種人會找某些藉口不去做決定好的工作，或是隨隨便便、草率了事。也許有人認為這是小事，但是這種行為遲早會毀了公司。

　　或許這樣講會讓人覺得小題大作，但是**否定在會議場合下的決定，就是否定參與會議的成員與他們所屬的團隊**，然後更重要的是當這種人表現出「我不專業」的態度，這種行為也是在否定他自己。

與其追求不可能發生的全場意見一致，不如「承諾（commit）會做好已決定的事情，但你不需要贊成」這樣的態度要更實際且專業，不覺得嗎？

會議不需要全場意見一致。因此為了讓與會者好好承擔責任（commit），**引導者要引出大家的意見，直到他們覺得「把想說的事情都說出來了」，這就是引導者負責的任務**。在無法做出最終判斷的階段，就要仰賴會議負責人的判斷，與會者則要遵從其決策。

我不太喜歡由上而下地強迫他人接受我下的決定，所以我在自己的公司都是讓與會者自由討論，並盡量尊重他們的決定。不過當討論出現分歧，一直無法下決定時，我會在會議過程中告訴大家「因為這件事不能不傳達給客戶，所以如果一直下不了決定的話，那就由我決定，提案書我也會自己寫」。

　　過去我就有過這樣的經驗，原本完全下不了決定的與會者聽我這樣說後，覺得「就這樣把所有事情都拜託給我不太好」，然後就很不可思議地突然開始有建設性地推進討論並得出結論。

　　引導的理想作法是不在討論中迫使與會者服從主管的意見，而是透過引導去稍微改變「討論的方向」，並引出與會者的出色想法。

　　我自己是引導者兼會議負責人，如果負責人另有他人，那引導者可以試著催促：「再這樣下去，最後就要由身為會議負責人的●●先生／女士下決定。**一旦決定好了，就希望大家要確實地承擔責任，所以請有話想說的人不要客氣，務必要把想說的事情表達出來。**」如此一來，討論的活躍程度應會相當不一樣，做好決定後的承諾作為也會大有不同。

！轉換觀點，把「令人為難的人」視為「有幫助的人」

　　講解完各種問題的疑難排除方式後，最後我要告訴大家我珍藏的引導技巧，這項技巧可以運用在所有人身上。那就是改用正面眼光去看待他人缺點，認為所有人都對事情有所助益的「轉換觀點」技巧。

　　人各有特色，例如世界上有以否定思維去看待所有事情的人、樂觀的人、能冷靜縱觀事物的人……性格本身難以改變，然而**所有性格都像硬幣的正反面一樣，必定有好的一面與壞的一面。**

　　思想負面、傾向否定的人，也可以說是「風險敏感度高的人」；正向又樂觀的人，可以說是「不畏懼困難，具挑戰精神的人」。動不動就會說「本來、究

竟」並想把討論拉回原點的人，是「善於整體性思考的
人」；相反的，急於下結論的人通常都是「策略規劃能
力強的人」。

引導者所需要的能力，是掌握每位與會者的特性並
靈活運用。引導者要在正確的時機點指示與會者，引導
出其特性，讓與會者成為對會議有幫助的人。

比方說在思考新的促銷活動時，首先要請善於整體
性思考的 A 進行狀況整理，釐清究竟是為了什麼而需要
這次促銷，最終欲達成的目標是什麼樣的狀態。

接著嘗試引導樂觀的 B 去思考有沒有什麼好主意能
讓大家達成目標。在這個階段只要先告訴大家討論的流
程，說「主要的風險因素之後再列舉就好，現在先研討
理想實現可能性高的方法」，這樣就不會有人插進來潑
冷水。

大致的想法出來後，就請具有輕微悲觀傾向的 C 指出主要的風險因素。然後在選項決定好的階段，請擅長規劃實行策略的 D 整理今後要實施的行動……實際作法就像這樣。或許已經有人發現了，這種作法正是將前面說明的「六頂帽子思考法」應用在個人身上。

基本上，**所有人都是因為有某種想要達成的事情才會發言**。總是把風險掛在嘴邊的 C 也絕不可能什麼都不想做。動不動就會說「本來、究竟」的 A，以及急於下結論的 D，大家都只是想要用自己擅長的方式對討論有所貢獻。引導者的工作就是要理解個別與會者的特性，進行「意見的引導與疏通」。不要只注意與會者的缺點，而是要把自己當作教練，謹記要用具有建設性的方式任用選手。

打造「所有人都是引導者」的最強團隊

引導難以花一朝一夕就學會。在尚未習慣引導他人前，應該有很多時候都會感到焦急，像是明明大家一起決定了結論，卻在會議結束後聽見與會者用抱怨的語調發牢騷：「唉呀，那個是課長自己一頭熱而已，不可能會順利的」；或是碰到不想對自己發言負責的人，不論如何催促，他都只會說出曖昧不明的意見。引導者要推動能得出結論的過程，承擔如此責任的引導者與不具這種責任的與會者，對於會議的重視程度往往怎麼樣都會有落差。

正因如此，**引導者必須維持「輪流制」。**

　　我在第二章也曾提出要輪流分擔任務，尤其所有與會者輪流負責引導，會產生極大的成效，能夠培養管理專案或團隊的意識與領導能力。

　　會議要在一定的時間內達成目標，就像是某種最小的管理模型。讓形形色色的與會者擔任引導者，應能讓大家更能看出各自的性格、長處與短處。有的人擅長引導出他人的意見，有些人則善於統整出結論，或有聲音大的人、聲音小的人……還有像我這種「一不注意就會說太多話的人」。然後對於他人在會議中的舉動所產生的認知，會讓自己開始注意自身舉止。

　　只要有「所有與會者都要擔任引導者」這樣的前提條件，大家就能站在引導者的立場，深刻地理解每一個人的發言與行動會如何影響會議，並會得出什麼樣的會議結論。如此一來，大家一定無法再變回單純的「絆腳石」或「旁觀者」。當全部的與會者都擁有「引導意識」，你的團隊就能發揮最大的潛力。

第四章

「事前溝通」的鐵則

為何 Google 比日本企業更重視
「事前溝通」

The groundwork

　　我來日本十八年了，至今我在許多企業參加過各式各樣的會議。在過程中我注意到決定會議品質的關鍵，在於「在會議之外的時間做了什麼」。有的會議拖拖拉拉，而且總是以「下次再繼續討論吧」這樣的台詞結尾，我從未看過這種團隊真的在下次會議前「討論」的畫面。另一方面，下決定迅速的會議會在開會前先取得必要資訊並共有，大家就座時早已先大致思考過一遍，以這樣的狀態展開討論。出色的會議由具建設性的「事前溝通」支撐。本章將把一流的會議事前溝通術傳達給大家。

! 不在會議室之外進行溝通的日本企業

　　「根回し（譯注：事前溝通、事先講好）」是相當不可思議的日文。這個詞彙本身明明是「為了使事情順利而事先安排或交涉」的意思，但是不知為何帶著負面的印象。也許是因為會讓人聯想到「只有特定人士一起偷偷摸摸地下決定」或「對有決定權的人拍馬屁」這樣的行動。

　　為了避免讀者產生誤解，在開始講解前，我先明確定義一下事前溝通的好壞基準。

　　所謂負面的事前溝通，指「讓討論變得不具建設性的溝通」；然後正面的事前溝通則是「讓討論變得具有建設性的溝通」。

舉個例子，屬下跟上司事先確認：「這次我要針對那個議程項目進行討論，部長很關心那個案子，所以你不要說出太過批判的話喔」，像這樣讓公司內的人際關係影響決策並迴避討論，讓會議討論變得不具建設性的當然就是「負面的事前溝通」。

即使是同樣的狀況，相反的討論內容會是：「我希望這次的案子一定要有所進展，你覺得哪個部分會是障礙？要怎麼樣才能順利獲得大家的同意？希望你能坦率地給予意見」，這種為求得出更佳結論的建設性溝通，就是「正面的事前溝通」。

就那樣的定義而言，甚少有公司比 Google 要更鼓勵正面的「事前溝通」。Google 員工去自助食堂時能隨意跟他人搭話：「可以耽誤你一點時間嗎」、「你對這個的想法是什麼」。無論是在喝酒聚會也好，或跟主管進行一對一會議時也好，總之大家會以自己的想法為基礎去進行資訊交換，問他人「你覺得這個怎麼樣」，還

會說「關於之前的那件事，就採用這個作法吧」，像這樣以簡便輕鬆的方式建立共識。

不僅Google如此，像矽谷企業的辦公室裡就常常備有桌球桌或沙灘排球場，或許這些公司乍看很「懶怠」，但事實絕非如此。這些公司在設計辦公室時，都深入考慮到設計要有活化溝通的作用，以求員工能勤快地交換意見或進行意見內容的調整磨合，同時又能踏實且用最快的速度提升成果表現。

另一方面，不知道是不是受辦公室環境的影響，我覺得**日本企業在會議室之外的溝通還很不足**。

從前我曾參與某大型企業的合作專案，那時儘管我去參加過很多次會議，決策卻遲遲沒有進展，使我感到不耐煩。

　　我試著詢問幾位與會者：「從上次開會到這次的會議，這中間你們有討論過這個專案嗎？」他們的回答令我驚訝，那些人雖然待在同個單位，但卻幾乎沒有跟對方談論過該專案。

　　他們別說事前溝通的類型是好是壞，根本連溝通本身都不存在。從勞動時間來看，**日本企業的職員一起待在職場工作的時長在全球數一數二，但是他們卻最不瞭解彼此**，這是很不可思議的事情。即使大家瞭解公司內的人際內情，但卻幾乎沒有人知道旁邊的人是如何工作的。

　　若說理想，員工能在公司裡輕鬆閒聊是最好的，如果公司難以接受這種風氣，還有一種便捷的方式是**在兩場會議中間安排能一對一討論的場合，作為能確實溝通的時間**。也許日本的會議最為缺乏的就是會議與會議之間的溝通量。

！ 正面的「事前溝通」所產生的三大好處

為了讓「正向的事前溝通」在日本企業紮根，我就先來整理一下公司到底為什麼需要事前溝通。我認為事前溝通有三大目的。

首先是收集資訊。

比方說我的公司Pronoia Group經營了一個名為「未來論壇（Mirai Forum）」的專案，並會定期舉行活動，目的是想摸索出不受組織或所屬單位束縛的嶄新工作方式。

我們有自信地假設「對這種主題感興趣的人很多」，但實際是否需求，不試著問問看是不會知道的。

於是我們為了試水溫而嘗試告訴客戶：「我們正在做這種事情喔。」結果對方說：「這是很棒的嘗試呢！」客戶比我們想像中的要更有興趣。之後贊助的事情有所進展，客戶還以論壇講者的身分參與專案，彼此建立起良好的關係。

我們不知道「自己正在努力的事情對他人來說有無價值」，若不直接問人就無法知道，於是藉由嘗試驗證假設去釐清客戶的需求，因而獲得更好的成果。

假如跟數間公司提過並發現沒有這樣的需求，自己仍舊獲得了有益的資訊，那就是明白自己「假設錯誤」。那種時候只要迅速在下次的會議中更改假設，讓公司能更早獲得良好的成果即可。

以公司內部來講，如果想要通過重要的議程項目，自然要事先問過決策者的意見，並且要**先蒐集資訊，得知決策者擁有什麼樣的價值觀與判斷基準，這是事前溝**

通的基本。如果會議目標已經決定好了，那就連資料的風格都要根據該決策者的喜好去改變。時常有商業人找我商量，說「雖然我很努力，但是企畫還是沒在會議上通過」，這種狀況大多是對於決策者的調查不足。

事前溝通的基本功夫就是收集資訊。估狗之後還是不明白的事情就儘管問人，不要累積。

第二個目的是心理準備。

我們不能什麼都不做，就直接請決策者在會議上做出決策，只要事先提供資訊給決策者，對方給予正面判斷的可能性就會提高。

相反的，人會對「完全未知的事情」產生不安或威脅感。只要事先增加對方「知道的事情」，對方給予不必要拒絕的可能性就會下降。

　　如果各位遇到某個讓自己「想跟他交往」的人，也不會突然把這種想法說出口吧？一般會說「要不要聊一下」或「請問要不要一起吃個飯」，一小步、一小步地前進並慢慢向對方表達心意吧。事先讓對方累積小小的判斷，也是為了在最後引導出大決斷的策略。

　　第三個目的則是請他人為我們騰出思考的時間。

　　比方說自己構思出兩個企劃案Ａ與Ｂ，並假設兩者各有優缺點。在推進企劃案時，若自己想要讓Ａ案通過，就要在開會討論前先找主管或高層幹部等處於「有決定權」之職位的人試試水溫。結果得知決策者認為Ａ案的缺點有著超乎想像的高度風險，於是自己把缺點處理掉後，再次遞上Ａ案給決策者，而對方的反應並不差。而且之後主管還來到自己座位旁，建議「如果這樣做，不是能使Ａ案更讓人震撼嗎」。因為有能夠事先思考的時間，才得以找到無法獨自思考出的選項。

在正式開會時才把企劃案丟出來，仰賴他人給予意見，這樣做並無法有效利用難得的團隊集體智慧。請在開會前將問題告訴或許有辦法解決的人，讓對方騰出思考的時間，藉此得出最佳解決方案吧。

對於想要在會議上通過的企劃案，只要把以上三種效果疊加起來，企劃案的精確度就會一口氣提升。事前溝通是為了去除預想中的障礙與困難，增加提供協助的夥伴，並快速達成目標，是正當且不可或缺的會議技能。

培養出「上司的上司」視角

實際要進行事前溝通時，對象大多時候都是「上司」。對各位而言，上司是能支持自己行動的「支援者」嗎？還是處處反對、只會搶功勞的「絆腳石」？

我時常開玩笑地說「也要對歐吉桑上司溫柔一點喔」。上司總是被夾在自己的頂頭上司與屬下之間，還被夾在隔壁單位與自己團隊之間……是完完全全的夾心餅乾。怎麼那麼可憐！只要你能溫柔地對待上司，他也一定會聽你的話喔。

對上司而言，公司與「上司的上司」要求的當然是「提升單位與團隊的成績」。上司不是在妨礙你的工

作，他只是想要知道你的企劃案只是隨便想出來的，還是有機會能做出確切成果。

當企劃案一直無法獲得自己上司的贊同，就要站在更上一層的立場去檢視這件事，也就是**想像「上司的上司」視角，嘗試釐清上司所認為的「成功定義」為何**，如此一來或許就能找到突破點。

舉個例子，假設部長交代課長「必須要達成本期的營業額目標」。部門全體的既有顧客層業績逐漸下降，依據這種現狀，你認為縱使加強以既有顧客為目標的促銷企劃案，也難以達到營業額目標。

於是你嘗試提出建議：「要不要把更多人力資源分給開發新顧客的促銷企劃案？」

你認為課長會想要支持新挑戰，所以他一定會贊成。雖然如此期待著，但課長的答覆卻是「NO」，而

且理由還是「部長沒興趣」。這種時候你會不會忍不住生氣，說「真是的，我們部門的上司有夠冥頑不靈」？此時，你需要的就是「上司的上司」視角。

如果「上司的上司」，也就是部長否定這個企劃案，那問題會是出在哪裡？由於部長是保守派，或許他認為會有既有顧客離開的風險。如此思考過的你，向課長說明「離開風險有多麼地小」且「離開造成的影響有多麼地少」，你寫了數種方案後試著重新提出企劃案，結果這回一次就過關！其實課長只是需要說服部長的依據罷了。

當事情的進展不如預期時，問題通常不是出在「你與上司」之間，而是「上司與他的頂頭上司」之間。在那種時候不能一直反覆進行「傳話遊戲」，而是要意識到「上司的上司」所擁有的視角，並以具建設性的方式除去障礙。

現在要說的雖然有些偏離正題，不過「上司的上司視角」對客戶也是有效的。

我的公司曾與Motify的員工一起開發某企業的教育訓練軟體，那時的狀況正是如此。在製作該企業客製的軟體時，我們是以電子郵件與其負責人溝通，不過他們每天都委託我們「希望能做成這樣」、「想要追加這個功能」，讓人傷透腦筋。

於是我寄了這樣的電子郵件給對方：「感謝您各方面的指教。不過真的很不好意思，如果要把您的要求全部納入系統，可能就會超出預算。我們要不要開一次會來討論哪個功能必須優先納入呢？」

在會議上試著詢問負責人後，我們才知道他們的負責幹部給了各式各樣的指示，每當對方下達指示，他們就會寄信來確認或向我們提出要求。對他們而言，幹部

下達的每個指示自然優先程度都一樣高，他們過於重視速度，導致負責人之間無法協調其內容。

我們理解狀況後，就向他們提議：「我們會將之前收到的要求分類，要不要先釐清什麼項目必須優先納入、需要什麼報告才能進一步加深理解，接著再重新開一次會呢？」在那之後，工作進展就順暢了好幾倍。

不論是在公司內或公司外，欲與他人取得共識時都要先**站在對方上司的立場上**。請不要忘記這項鐵則。

公開資訊，肅清「辦公室政治」

在本章開頭，我將負面的事前溝通定義為「讓討論變得不具建設性的溝通」。具代表性的例子就是所謂的「政治性事前溝通」。公司內通常會有外人不得而知的派別，只要明裡暗裡「為某個掌權者效忠行事」，將來就能獲得相當的地位。當上層「不願自己登高位卻被孤立」，為了讓自己的企劃案成為公司「主流」，他們會千方百計地獲取贊同。我明確地反對這種依據人際關係去改變贊同與否的決策方式。

例如「因為是●●的想法，所以我贊成」、「因為●●贊成，所以我也跟著贊成」，或是「因為●●課長支持這個企劃案，所以你無論如何都要贊同」，像這樣

讓自己與他人接受草率又具政治性的判斷，就會讓組織陷入停止思考的狀態，並失去原本應會在會議當中發生的討論與想法層面的激盪。若那些機會被奪走，而且**未能得到真正的贊同，就會讓人心想「原本要是這樣做就好了」、「這個企劃案明明很棒」，進而留下情感面的疙瘩**。或許從表面上看來是「全場意見一致」，但其實只不過是「強迫大家說『YES』」。這樣並無法讓大家產生"Disagree, but commit（雖不贊成，但承諾配合）"的精神。

吝於在討論上下工夫的決策方式，在實行企劃案時，會導致成員不肯執行決定好的事，或是在背後宣揚「事情被單方面決定」，讓周遭員工的幹勁降低等等，就像是回力鏢一樣，一定會變成大問題後再飛回來。

那麼要怎麼做才能打造出不會有政治性溝通的組織？關鍵其實在於「公司風氣」。

政治性溝通並非日本組織獨有的現象。在外商之中，**奉行秘密主義又封閉的組織中一定會出現辦公室政治。**

舉個例子，假設有個人想要把某個優秀的成員分派至某個專案，於是便去邀請對方，不過對方卻以「我有點忙」的理由拒絕。其實上層已經直接把那位成員分派至某個極機密專案（這在奉行秘密主義的組織裡很常見）。

於是那個人就會產生毫無根據的疑問，心想「難道他討厭我嗎？」或是跑去說服那位成員的上司說「我無論如何都希望能把那個人分派至這個專案」等，產生了無謂的溝通成本。

為了消除這個沒必要付出的成本，我首先要推薦的作法是**盡可能地公開並共有資訊**。

　　「只有特定的某些人知道重要的資訊，其他人都不知道」，只要形成這種狀態，那裡自然會產生「政治」。從知道資訊者的立場來看，或許會產生不把資訊告訴他人較有利的不良動機。為了不讓這種情況發生，就盡可能地公開所有資訊吧。

　　實際上 Google 也以團隊、專案與個人為單位，將會議議程、會議記錄等許多資訊全都與眾人共有。因為 Google 想要透過公開資訊、刻意讓許多人看見的這種方式，去誘發能夠創造出優秀產品或服務的化學反應。

　　我經營的公司更極端，除了薪資以外的所有資訊都是公開的。因為我相信組織資訊的公開程度，會決定公司能不能消除政治性事前溝通，並以更具建設性的方式工作。或許連薪資都公開的時代會在不久後的將來到來呢！

! 想要讓議題過關不該「巴結奉承」，而是要獲得信任

　　會議是由各式各樣的人進行一連串的決策，其內容錯綜複雜，由許多要素組成，例如現在、過去、未來這樣的時間軸，事實與假設，以及依據各別要素進行的驗證，或者確認與公司的任務與方向是否一致等等。不過其中有個要素雖然非常重要，但卻甚少有人在意。那就是下決策的人所擁有的「人性」。

　　如果想要讓他人理解自己的企劃案，並讓對方在決策時給予贊同，其實「瞭解對方」有時會是意外方便的捷徑。

　　不過能讓自己瞭解對方的地方並不是會議室，而是要在休息時刻、午餐時間或飲酒聚會等輕鬆的場合與對

方接觸，積極地溝通以求瞭解對方，並使心意真正地相通。

　　為了在團隊裡或專案上得到期望的成果，需要心理學所謂的「投契關係（rapport，相互理解並建立信賴關係）」。互相理解對方的價值觀與信念，彼此擁有情感層面的好感與親密感，對於順利建立共識來說有很大的加分作用。

　　跟各位一起工作的只不過是人類，並不是精密的機器人。如果對方的臉色有些沉重，你可以說「你最近好像一個勁地埋頭苦幹，是不是有什麼擔心的事情？如果你願意的話，要不要跟我一起去吃午餐，換換心情？」，像這樣試著跟對方搭話如何？

　　「唉，其實最近我家小孩的身體狀況不好，短時間內都無法上學。」

「這樣啊……我朋友有一位推薦的醫生。如果你願意的話，要不要帶小孩去就診一次看看？」

有時這樣一句話就能建立起意想不到的信賴關係。

有的人會拍馬屁說「只有●●才有能力擔起這個任務」，或給予同情「您好辛苦。我能理解您的感受」。但是作為一個人而非工作對象去建立起來的關係，跟拍馬屁與同情所打造出的關係不同，從長遠的角度來看能你導向成功。

「同理心（empathy）」勝於「同情（sympathy）」，「幫助」優於「巴結」的精神，或許有一天會在你遇到困難時幫你一把。

這種作法能提升對方對你的信賴感，彼此「想協助對方」的關係也會在公司裡不斷地增加。應該很少有比這個要更「具有建設性」的溝通方式吧？

第五章

「打造團隊」的鐵則

「安心感」才是最強的戰略

The team building

　　我在前面的章節裡，親自為各位介紹了具體又實際可行的「會議鐵則」，內容有目標設定、會議進行的規則、引導以及事前溝通。不過若要讓所有鐵則發揮作用，有一個不可或缺的重要條件。那就是在團隊裡建立「心理安全感」。

　　雖然這是理所當然的事情，不過人類不是必然合乎理性邏輯的機械，而是擁有感情的生物。正因如此，在一群人類相聚起來要得出一個結論時，就需要處理情感問題的方法論。作為最後一章的本章會把焦點放在情感上，並嘗試思考要如何才能在團隊裡建立心理安全感。

！日本企業遠比外商更加冷漠

Google一直到最近才清楚明白心理安全感的重要性，表示「這是提高團隊生產力的最重要要素」。

不過回顧從前，日本也曾有過心理安全感理所當然地存在於公司裡的時代。在過去，傳統的部門競賽運動會與員工旅行，也曾作為團隊建立的一環有效地發揮其作用。只是這些活動在我來到日本時就已經成為「過時的風俗」，逐漸消逝沒落。

所謂的「飲酒交際」也被當作過去的遺物，感覺有越來越多人認為「理想的工作方式是像外商公司一樣，一直保持理性且不帶情感」，擁有這種想法的人尤其又以年輕人為主。

　　但是不帶情感真的是正確的嗎？在那之前還有個問題，就是外商公司究竟是不是真的不帶情感？

　　我過去工作過的摩根士丹利確實有這樣的一面。金融業界因其性質影響，對於合規（compliance）相當嚴格，公司禁止員工在工作時探人隱私（國籍、年齡、結婚了沒等問題全都不能問）。自我介紹時也是掛著名牌，只說「我是●●部門的●●」就結束。或許有時從旁人眼裡看來，就像是一群沒血沒淚的人吧！

　　但是那都僅限於工作時間。乍看不帶情感的他們，畢竟還是會對一起工作的對象感到好奇，一旦在午餐時間出了工作樓層，就會趁閒聊幾句的機會開始不停地暢談私生活，這種情形也很常發生。

　　相較於此，連在電梯裡都鴉雀無聲的日本企業，在我看來實在有些奇怪。日本人的勞動時間很長，說不定跟同公司員工相處的時間比家人還要更長。但是對同事

最不熟悉的不也是日本人嗎？你曾經試著詢問或思考身旁的同事在煩惱些什麼嗎？當然，有時同事煩惱的是私事，所以並不是什麼都要問，不過**一個人想要暸解對方的態度，能夠讓對方產生心理安全感**。

日本企業否定了過往的「家族式企業文化」，但是也未能順利適應「全球化」，現在看起來一副束手無策的模樣。正因如此，才必須以適合現代的方式去取回心理安全感，不是嗎？

歡迎負面發言

若論心理安全感，果然還是Google更先進。

我之前已經提過，他們共同擁有的想法是「要減少情緒層面的糾葛，增加想法層面的碰撞激盪」。

接下來我要說的則是Google與眾不同的地方。一般若是被要求減少情緒層面的糾葛，會讓人認為自己應該要把情緒悶在心裡，宛若機器般地進行工作，不過Google採取的作法正好相反。Google的員工比任何企業的人都要更重視相互瞭解這件事，例如同事在想些什麼、擁有什麼樣的價值觀。

我進入 Google 工作後第一件感到訝異的事情，是團隊建立時的自我介紹很長。在參與進修活動時，有時候一個人要花上五分鐘左右去自我介紹。「自己是什麼樣的人、有什麼經歷、屬於什麼類型、喜歡什麼、討厭什麼……」連與工作完全無關的事情也包含在內，說得又長又久。

最初我對於這樣的作法感到不可思議，不過工作一段時間後就明白了其意義。**只要知道對方是什麼類型的人、在什麼狀況下會有什麼感受，就能快速推進工作。**

「A，你最近看起來似乎有些難受。我記得你之前說小孩住院了，要不要加一個人進來協助專案？」

「今天的會議只有告訴大家結果，重視過程的 B 一定無法認同。之後去關心他一下吧。」

就像這樣，不論是在問題發生前或發生後，都能夠支援同事，讓所有人都能夠發揮出最佳表現。

反過來思考，**正因為是重視「產出（output）」的公司，所以才會發展出連跟工作無關的事也開放地共享的文化。**

另一方面，雖然也有許多例外，不過硬要說的話，我覺得日本企業大多都是採用軍隊風格的溝通方式。將個性或情感帶入溝通本身就是個不太受歡迎的作法，上級說什麼就是什麼。

以前我跟某公司的主管聊天時，對方生氣地說：「我總覺得最近的新進員工太沒意志力了，竟然會毫不在乎地說『我今天腦袋有點鈍鈍的』。他們到底是怎麼回事啊。」

聽了我真是難以置信。只要得知對方的狀況，等同獲得能夠進行客觀判斷的素材，讓自己知道那個人需要什麼樣的協助，或者知道該如何面對對方，對團隊生產力而言，個人的狀態也相當重要。主管該對新進員工採取的態度，並非在心裡憤慨「現在的年輕人真不像話」，而是該問「那你要不要休息一下？」，或是適當地指示對方「給客戶的文件最晚要在明天準備好，來得及嗎？與其出錯，不如你今天早點回去休息，明天早上再用。」如果這發生在我的公司，對於說出「我今天腦袋有點鈍鈍的」的新人，我想我一定會像這樣誇獎他的態度：「謝謝你告訴我！這是很棒的自我揭露。」

我認為日本有許多人對於「訴苦」這件事抱持著負面印象。但是大家都是人，不可能總是保持在良好的狀態。然而大家對於一天一直在一起八小時左右的工作夥伴，卻連自我揭露都做不到，這樣不可能會有良好的工作產出。毫不隱瞞地坦白，團隊成員才能互相幫助。日本的公司應該要再多多重視每一個人的情緒與狀態。

　　為了減少情緒層面的糾葛，我們不能壓抑每一個人的個性與情感。反而應該要盡量開誠布公，讓他人知道我們「自己是什麼樣的人」以及「現在狀態如何」。這樣的團隊自然能建立起信賴關係。

　　正因為擁有信賴關係，才能減少情緒層面的糾葛、增加想法層面的碰撞激盪，提升會議的品質。**「出色的會議」是由團隊內的信賴關係所支撐。**

！主管要率先展現自己的脆弱之處

「新進員工毫不在乎地說『我今天腦袋有點鈍鈍的』。」如此跟我商量的那位日本企業主管，應該自滿於自己年輕時絕對不會向他人訴苦，但那僅是「表面上」而已。他只是在脆弱時覺得「要是說了，就無法獲得上司的認同」，所以就壓抑自己的苦處。或許他真的說出來過，但主管卻生氣地說「你幹勁不夠」。**歸根究柢，員工的言行源自主管的態度。**

因此，我比所有員工都要更坦白地訴苦。

「我最近很忙，或許會遺漏許多事情。抱歉喔。」

「我今天頭有點痛，所以專注力下降了。」

　　我公司的員工看到我這樣的態度後，他們似乎覺得
「可以不用隱藏心情，把真心話說出來也沒關係」。

　　不知道是不是多虧我總是積極地自我揭露，最近公
司的員工也開始什麼都會跟我說。由於我太過忙碌，所
以會將許多工作都交給員工後就不管了，也曾有員工因
為這樣而毫不客氣地吐槽我：「吼！彼優老闆（我在公
司裡的小名），你太過分了！」我與員工之間建立起的
心理安全感，充足到讓員工敢對身為「上司」的我說出
那些話。

　　我在摩根士丹利工作時，曾經有一位女員工經常以
「頭痛」、「腹痛」等身體不適的理由請假，身為主管的
我非常擔心她。

　　有一次我發現她請假的時間點有著明顯的規律性，
於是我在一對一會議時告訴她：「這是涉及隱私的話
題，加上我是男性，所以如果妳覺得很難說出口的話，

我很抱歉。我想說的是公司人事制度裡有『生理假』，請不要客氣，儘管請吧。每次請生理假都要通知的話，妳應該會有心理壓力，所以妳用系統申請就好。」結果，或許她也鬆了口氣，便向我坦白：「其實我經痛很嚴重，痛到沒辦法好好工作。謝謝您。」之後我們的關係也比從前更好了。

我想現在眾人對「騷擾」的意識提高，所以不能說的事情也增加了。我也覺得什麼都要探人隱私是很不好的作法，但我想說的只有一點，那就是**公司不會因為禁忌增加而變好**。

騷擾是因為對方感到不舒服，所以才會變成騷擾。反過來說，只要確實地讓對方覺得「這個人值得信賴」，就不會有問題。

如果為了消除騷擾而不斷增加公司內的禁忌，就會使心理安全感減少，或者工作表現下降、員工離職，這

樣才是賠本又失利。實際上能說到什麼程度先另當別論，我覺得藉由建立信賴關係而非禁忌的人應該要更多才對。

！將悲傷、煩惱等情緒帶入會議

不是只有在脆弱時才要對同事坦率地吐露心聲。我在開會時也會積極地帶入自己的情緒。

有一次放年假前，我委託給團隊的工作並沒有得出期望的成果。為了彌補不足之處，我不得不一個人犧牲年假去工作。休假很珍貴，所以我從很早之前就頗為期待年假。心想要做平常不能做的事情。即使什麼都不做，只是悠悠哉哉地度過也很好。然而那時的我卻什麼都不能做，只能一個人像往常一樣地工作，所以真的覺得很傷心。

我在新年會議時，也確實地把該想法告訴與會者。

「我現在要說這些話是因為我真的很難過。所以我想要跟大家一起討論，要怎麼樣才能避免這樣的情況再度發生。」

然後員工就切實瞭解到「啊！我們真的造成彼優老闆的困擾了」，於是大家不斷提出改善方案，且比平常都要更加專注。

如果是一般的會議，或許會有人說「你的感受與會議議程無關」，就此結束話題。不過**我會將自己的感受直接傳達給與會者，也希望與會者能把感受告訴我**。因為縱使這種作法乍看之下是在繞遠路，但其實這是將會議產出提升至極致的最快捷徑。

！ 將所有牢騷都視為「請託」

　　日本人認為「說話理性才是出色的商業人士」，對於工作上的情緒性言行有著過度迴避的傾向。不過，當應該要理性的同事依舊表現出情緒，那一瞬間就是團隊建立的重要機會。我們不能放過那一瞬間。

　　舉個例子，我的公司最近來了一名新員工，但因我的工作太過忙碌，沒有時間舉行一對一會議。於是幫我管理行程的員工就跟我發牢騷：「彼優老闆！再這樣下去永遠沒辦法舉行一對一會議！請你想想辦法！」從我的立場來說，我也想抱怨：「管理行程不是你的工作嗎？這是怎麼回事？」

　　但是當對方處於情緒化狀態時，如果我們自己也不服輸地堅持己見，或者太過認真地看待對方的情緒而感到沮喪，就只會產生情緒層面的糾葛而已。重要的是**要先讓對方傾吐出所有的想法，自己則只要「接受」。不可以打斷或反駁對方。**

　　我長年學習合氣道，合氣道的目的並不是與敵人戰鬥取勝。不競爭彼此優劣，相互尊重的「和合之心（譯注：和諧友好的精神）」才是其目標。為此不該反過來對抗對方的力量，而是要敏銳察知對方所有的微妙情緒。

　　察覺對方的情緒後，要接受「原來他的感受是這樣」、「原來他是這麼想的」。對此，我們要去理解「自己產生了什麼樣的情緒」。然後在「接受事實」的那瞬間，就會很神奇地冷靜下來。

　　對方變得情緒化，就是該問題很重要、必須立刻改善的信號。雖然是重要的事情……正因為很重要，才無法以具建設性的方式傳達。在那種時候，傾聽的那一方必須積極地進行「腦內轉換」。

　　所有的「抱怨」都是「請託」。

　　若把「彼優老闆太過忙碌而無法管理行程」的這種員工抱怨，以具建設性的方式去思考，就能將之詮釋為這樣的請託：「想要更多能跟彼優老闆說話的時間。想跟彼優老闆商量」。

　　當對方變得情緒化時，首先要**「讓對方傾吐」**出所有的想法。然後對於對方流露出來的情緒抱持「嘗試理解」的態度去**「接受」**之。之後再用**具建設性的方式「換句話說」**。例如「您說的是●●沒錯吧？」、「也就是說，是●●對吧？」。只要用這三個步驟去溝通並確

認彼此對現狀的認知，就能一起思考之後有什麼能解決問題的方法。

雖說如此，我也是人，所以當然也會覺得火大。那時，我會把視角稍微拉遠，嘗試從客觀的角度看待自己，像是「我現在很焦躁呢」。然後我會這麼想：「如果我現在也跟著生氣，情況會越來越糟糕，之後就會惹火上身。」

一時的情緒會丟失長期的信賴。反之，如果一方很情緒化，另一方則保持冷靜傾聽的態度，隔天情緒化的那一方就會道歉：「哎呀，我昨天不小心太激動了。不知道我是怎麼了。」信賴關係因而變得更穩固的狀況也很多，不打不相識。當對方對自己大發脾氣，自己只要想「這是團隊建立的機會」就好。

！ 定期開「發牢騷大會」

不僅於會議，我也很歡迎同事在其他工作場合表現出自己的情緒。因為只要傳達出情緒，就能知道那個人真正的想法，當員工能毫不猶豫地表達情緒，就代表他們擁有充足的心理安全感。

不過一般職場對於表現情緒頗為忌憚，尤其負面情緒更是如此。所以我會定期開「發牢騷大會」，將負面情緒轉變為具建設性的產出。

要做的事情非常簡單，只要問有沒有「覺得很煩的事？」或「想抱怨的事」就好。

「我覺得在做之前那個專案時,身邊的同事很少提供支援。」

「年輕員工的成長速度很慢,所以若論能不能達成目標,我實在無法想像。」

「要說的話,公司的報帳制度並不好用。」

說出「歡迎抱怨」後,大家就會一口氣指出各式各樣的問題點。面對這一個個問題,首先要說「有這種事情啊,辛苦了」,以這樣的態度接受之。然後在接受其情緒後,就要換成具建設性的問題:「那要怎麼樣才能解決?」

抱怨是一種信號,代表只要以具建設性的角度去思考抱怨,就能發現其背後有著必須要解決的問題。不過,由於大家具有專業意識,所以會認為「自己明明沒

有替代方案，不可以把抱怨說出來」。既然**難得都在團隊裡工作了，就用大家的集體智慧去解決問題吧！**

　　如果想要用會議去提升員工的心理安全感，我推薦各位可以嘗試舉行這個發牢騷大會。這種大會能讓公司變好，同時還能提升心理安全感，簡直是一石二鳥！

！就算只是形式上問問也無妨，詢問同事的人生經歷吧！

　　為了迅速提升心理安全感，我推薦另一種練習活動：「人生軌跡（life path）」。人生軌跡這項活動，在編組新團隊或展開專案時會特別有成效。

　　需要的東西只有白紙。尺寸不拘，並請同事在紙上寫下「幼年時期」、「小學生」、「大學生」、「社會人士」等「自己一路走來的道路」，然後請每個人花五分鐘談論。大家回顧人生中對自己影響最大的事情或轉捩點等等，能藉此讓周遭的人獲得啟示，理解「這個人的性格與想法等是如何形成的」；對自己而言，將人生歷程化作言語也能提高自我覺察（self-awareness）的能力。

「哎呀，那個人不太會表現出情緒，有點搞不懂他的想法，我不擅長跟他相處，不過看來他生在雙親很嚴厲的家庭裡。」

「原來那個人有那樣的目標，所以才會來做現在的工作。我想支持他！」

像這樣透過傾聽平常無從得知的事情，能加深同事對彼此的瞭解，這也是進行活動才會有的成效。

樂觀的人、悲觀的人、外向的人、溫順的人……不只那種表面印象，**連過往人生經驗培養出的性格，都要彼此深入地去相互瞭解，這就是團隊建立的基本。**

團隊建立能以各式各樣的方式實踐。比方說，Google常見的作法是向同事搭話說「Let's catch up（來聊聊近況吧）」。這是為了知道對方最近的興趣或關注的事情，而在自助餐廳一邊喝咖啡，一邊進行「catch up（近況報告）」。若是沒有自助餐廳，在茶水間或電梯前面都可以聊。

　　不僅限於自己隸屬的單位、團隊或專案，以平時不經意的對話先提高心理安全感，這樣也有可能讓嶄新的想法或計畫從意想不到的地方跑出來。**重要的是要先拿出一點勇氣，嘗試跟同事搭話。**

！慶祝團隊成員的失敗

　　我之所以想要在團隊裡打造出什麼都能說的安心環境，是因為我希望團隊成員能不斷投入各式各樣的挑戰並獲得成長。但是有新挑戰就會有失誤。

　　在我的公司裡有個平時不太會犯錯的員工，她曾在某個時期接連犯下相同的錯誤。不擅長處理細節的我也常犯下那種錯誤。「唉……我糟糕透了。」由於她太過沮喪，所以我就在工作空檔時去澀谷的瑞士蓮巧克力咖啡廳（Lindt Chocolate Cafe）買稍微高檔一點的巧克力送給她，並說：「恭喜妳失敗了。」這完全沒有「諷刺」的意思在。

在那個時候，我只想到她的成長。不小心做錯的事情就讓它過去。不過，要是她因為這次的挫敗而變得畏懼失敗，導致無法進行挑戰的話，那就是比那些小失敗要更大的「失敗」。

如果團隊成員反過來不去害怕失敗，而是更具挑戰精神地努力工作，那就會變成抵銷小失敗的大成長。所以當時從失敗的那一刻起，我只用具建設性的方式思考，判斷這並非失敗，而是成長的機會，藉此改變框架，也就是改變自己看待問題的方式。

「失敗紀念巧克力」就是我用以傳達那種心情的手段。那時她雖然感到訝異，不過或許是因為我有把訊息成功傳達給她，所以她現在仍滿面笑容，帶著挑戰的精神工作。「歡迎失敗」是 Pronoia Group 的一種重要價值觀。

　　日本有一句不錯的諺語叫「覆水難收」，失去的事物無法復得。我們需要的應該是不使自己重蹈覆轍的對策，而不是道歉或反省。所以遭逢失敗時要先接受事實，然後立好對策後，就要馬上放下失敗。

　　每當團隊成員失敗，領導人都要面對這樣的問題：「自己能立刻接受並放下嗎？」、「能打造出不畏懼失敗並接受挑戰的文化嗎？」

　　Google 有「Fail fast, fail forward（要早點失敗、積極失敗）」這樣的文化。Google 會將產品或服務以測試版推出，藉此獲得使用者的嚴格指教與回饋，同時不斷改良。公司上下都擁有這樣的想法：**早期失敗等同預防未來的嚴重失敗。**

　　我也曾聽過名為 Mercari 的二手拍賣 APP 公司有著相似的觀念：發生問題時，執著於「誰犯了錯」並尋找犯人是在浪費時間。Mercari 的大家會馬上神情冷靜地

接受失敗，並以具建設性的方式展開討論，正因為他們擁有那樣的觀念，才能貫徹這般的習慣。對他們來說，縱使有「過程中的失敗」，也沒有「人的失敗」。人偶爾會犯錯，就因如此，除了活用科技或簡化程序之外，我們無法從根本去解決人會犯錯這件事。

對優秀的團隊而言，失敗是引發新變化的機會。

！淘汰道歉，建立機制

領導人必須歡迎失敗，但是另一方面，不可以允許只有形式的道歉。

我住在日本後一直對一件事情感到疑惑：那就是聚集媒體的道歉記者會。在日本不論是個人也好、企業也罷，每當醜聞發生就會召開道歉記者會，只要當事人辭職，往往會「在風頭過後洗白」，罪行就被徹底遺忘。

美國前任總統比爾・柯林頓（William Clinton）過去曾發生外遇醜聞。但是他並沒有選擇馬上辭職。他承認自己的錯：「我與她之間有不適當的關係，那是個錯誤。」在那之後，他做好總統的工作直至任期結束。現在他在美國仍然是備受喜愛的領導人物之一。

另一方面，日本犯錯的當事者總是優先表現出「已經道歉的這個事實」與「正在反省的模樣」，把問題解決放在後頭。

公司裡不是也會發生類似的事情嗎？當有員工搞錯數字或者把重要資料寄給外面的人，對公司內部造成困擾時，首先提出的就是「悔過書」。但是悔過書到底是為了什麼而存在？當然，悔過書也有不使當事者重蹈覆轍的目的在。既然如此，不如把問題當作議題，在會議上告訴所有人，並以共同解決為目標，這樣是比較有生產力的作法。

如果悔過書變成只是用來告訴上司「自己有在反省」的東西，那乾脆不要寫了吧！只有形式的情感揭露毫無意義。

原本需要的就不是「反省」，而是要如何才能找出不會失敗的機制。**倘若員工屢屢犯下類似的錯誤，那就**

不是個人做得不好，而是機制不良。我們只要把問題作為會議議題提出，接著再改善即可。

就結果來看，不斷抱怨跟反省完就了事都是表示「沒打算要改變行動」，以這一點來說，兩者的本質是相同的。重要的不是過去發生的事，而是如何開創未來。然後，為此我們只能不斷進行具建設性的討論，積砂成塔。

！用魅力帶動他人

最近在演講場合，時常有人問我這樣的問題：「主管需要擁有什麼樣的素質，才能在團隊裡打造出心理安全感？」

想要提高心理安全感，但是為了讓下屬產出希望的成果，該指謫的時候，還是要嚴格指謫才行。我想有很多主管對於這之間的平衡感到苦惱。

我認為其中一個「主管必備的素質」，就是「親切」。我指的並不是英文的「態度親切（nice）」，而是「深度的親切（kind）」。比方說團隊成員對客戶進行簡報後，主管跟成員說「哇，講得很好！非常棒喔」，或許從表面上看來，這是個「nice」的主管，但是主管實

際上並未提供回饋，沒有指出該簡報哪個地方講得好、為什麼好，所以屬下沒能得到「回顧反思」的機會，沒有學到任何東西就結束了這次的簡報。如果主管能說：「簡報內容相當精煉出色，但是聲音實在太小了。如果你在簡報時沒辦法表現得更有自信與氣魄，那縱使提案再優秀，客戶也會感到不安。」能像這樣確實地指出缺點，才能算是真正親切的「kind」上司。

另一個必備素質是與「親切」相反的「嚴厲」。

舉個例子，假設你有個讀高中的女兒。有一天，女兒到了深夜都還不回家，打電話給她也不回電。你擔心得睡不著覺，等到了清晨，女兒竟然帶著酒味回家。這種時候如果只溫柔以待，作為家長是不合格的。你可以先傳達自己對女兒的愛，說：「妳終於回來了，太好了。」但是之後還是要好好地表示憤怒才行，像是：「不可以再喝酒！還有，要在外面待到很晚的時候，至

少也要打電話給爸媽。」若問為什麼要這麼做，這是因為那是家長這個「角色」所背負的義務。

公司也一樣。主管的「職責」是讓團隊成員成長。但是常有案例是主管太希望「屬下有『想跟自己一起工作』的想法」，或希望「與屬下擁有能推心置腹、坦誠以對的關係」，因而忘記其「職責」，使得彼此變成單純的朋友關係。成員的表現明明變差了，但主管卻擔心被討厭而無法指謫對方。那種**「職責未盡」的敷衍關係，無法建立起信賴與心理安全感**。相反的，能夠嚴格指謫對方，其背後的意思就是「有好好觀察對方」。只要主管避免情緒化的言行，團隊成員也一定能注意到「主管在擔心我」的這個事實。

第三個必備素質是魅力。在說嚴厲話語的時候，畢竟也還是人在面對人，魅力永遠不可或缺。

有一次我拜託員工將名片資訊製成資料庫,但過了一個星期,名片疊依舊是原本的樣子。於是我試著用稍微詼諧一點的態度對她說:「名片這樣放著就只是一堆紙片,但是如果妳幫忙輸入到電腦裡,名片就會變成活的資訊,讓我們可以邀請名片主人來參加活動或研討會,或是分享公司受訪的報導。我們公司的未來取決於●●的這個工作唷!」只因為我這麼說,她就趕緊把資料輸入好了。「展現魅力」跟「非常歡迎失敗」一樣,都是 Pronoia Group 的重要價值觀。

人要是不開心就不會行動,然後團隊整體的氣氛一定會因此惡化,阻礙溝通。

主管的目標是提升團隊表現,縱使從這個目標往回推想,也可明白每一個人的魅力都是建立心理安全感所需要的重要「素質」。

！正因為處在沒有正確解答的時代，才更要向年輕人學習

我在〈前言〉說過「會議是公司溝通狀況的縮影」，最讓人深深感受到這一點的，就是只重視表面工夫又充斥表面話的會議。

一般而言，企業裡越是上面的層級，就越難收到負面資訊的報告。

這是因為當工作單位發生問題或出錯時，有些上司會對屬下恫喝：「看你做的好事！」或是會有要屬下扛下責任的上司說：「事情會變成這樣，都是你害的！」於是屬下就越來越不敢提出負面的報告，等到事情浮上檯面時，狀況已經惡化到無計可施。

會議中的心理安全感之所以重要，是因為對企業而言，用以掌握重要真相的治理（governance）狀況也會受其影響。

工作現場發生的客訴、瑕疵故障或業績低迷等都是重要的訊息，讓我們得以發現必須解決的問題。如果主管只顧著追求數字，而不去面對問題的本質，企業就會慢慢衰敗。而那種溝通作風已經落伍了。

在過去，累積了經驗的前輩才有出色的技能，能夠導出「正確解答」。正因如此，年長者才會成為指導「屬下」的「上司」。前輩藉由長年培養出的技能與 know-how，習得能確實做出成果的方法，而後輩只能邊看邊模仿，以此學習。就某種層面來說，「上司說的話就是聖旨」這句話在過去也是正確的。

但是現在這個時代，「導出正確解答的方式」未必只有一種。經驗值早已成為無用之物，往往將科技視為

理所當然且運用自如的數位原生世代，可能還比較清楚獲取正確解答的方法。**經驗豐富這件事本身，也可能會成為改變的阻礙。**

這個時代時時都在變化，所以不論提出再多假設，失敗也是無可避免。不僅如此，甚至還可能「沒注意到失敗」。因此不論是主管或團隊成員，都要彼此尊重、相互學習。**我們要一邊找出弱點，一邊反覆經歷失敗，並次次驗證假設，進行試誤（try and error）。**今後的團隊需要這種「開放的溝通方式」。

！以職業棒球隊為目標，而非家庭

「在會議上怎麼可能說出真心話。」

開頭介紹的這句話是我的熟人所言，第一次聽到時我大受衝擊。他對知識的好奇心很旺盛，說的話總是讓我受益良多，而這樣的他為什麼不大方說出真心話，也就是選擇對自己與他人說謊呢？我想原因可能是日本的雇用制度。

日本在過去有很長一段時間都將終身雇用制視為理所當然，所以就某種意思來說，「公司」這種組織是像「家庭」一般的存在。

像家庭當然也有好的一面。不論發生什麼事，遇到困難時都會有人伸出援手，家庭給人這種信任感，而且家人絕對不會彼此背叛。如果日本的企業成功提供了這樣的歸屬給員工，那真的是非常寶貴的一件事吧。

另一方面，家庭可能會出現家庭才會有的壞的一面。由於大家一直一起待在同樣的地方，今後也會持續在一起，所以沒有辦法大膽地暢所欲言。家人原本什麼都可以互相傾訴，但是**有時候一回神才發現，家裡有了正因為是家人才不能說出來的禁忌**。由於家人不是因為特定的「目的」才待在一起，所以會以相處的舒適度為第一優先。

我舉一個例子，父親到了很晚都還不回家，孩子便問母親：「為什麼爸爸總是那麼晚才會回來？」母親向孩子抱怨：「你爸真是的，老是跟公司的人去喝酒。你以後絕對不能變成爸爸那樣子的人，知道嗎？」又

有一次，被母親責罵的孩子向父親哭訴：「媽媽對我生氣。」這次換父親把問題歸咎於母親：「你媽就是愛生氣。反正說了她也不會改，不管她就好。」這種「戴著面具的家庭」無法長久吧？

日本企業不也一樣嗎？面對面說話時，縱使敷衍著回答「好好好」，心裡也會想「我們部門的上司很頑固，所以沒辦法接受新的作法」或「我們部門的人真的很沒用，連一點小事都做不好」等等，彼此都放棄對方，沒有互相刺激、彼此提升的想法。

那種團隊宛若「戴著面具的家庭」，不可能創造出期望的成果。

那麼日本企業今後應邁向的「理想團隊」目標是什麼？我認為不該是沒有明確目的，同時又無法說出真心話的「面具家庭」，大家擁有特定目的且能彼此坦率說出真心話的「職業棒球隊」才是理想。

能榮獲日本第一的棒球隊，其總教練或教練並非總是面帶微笑。若行動沒有伴隨著成果，有時也會說出嚴厲的話。即使如此，選手也不會覺得總教練討厭自己。因為選手信賴總教練，知道對方是為了獲勝這個共同的「目的」而做出最佳的選擇。

由於選手以自己的隊伍為榮，所以不會對外抱怨（應該沒有職業選手會哀嘆「我們隊伍的選手真的都是些沒用的傢伙」，對吧？）。

如果投手狀況不佳，教練會走到投手丘跟他說：「你投球沒力道、速度不夠，還好嗎？有什麼狀況嗎？」隊伍朝著「獲勝」這個目的邁進而彼此協助，並以具建設性的方式彼此商量討論，這都是理所當然的。因為彼此信任，且有相互刺激以求精進的氣氛，所以教練才敢說出嚴厲的言詞。應該也有選手會在判斷自己表現不佳時，因無法為隊伍作出貢獻而自請下場。

日本大多數的商業人士最初都是在「社團活動」體驗團隊建立，或許這對他們也有所影響。

「即使王牌投手投了超過兩百球，他仍然持續投球」、「他雖然骨折過，但還是持續出場比賽」，現在甲子園依然會為了打造出這些美談，而時常刻意讓選手置身於不合理的狀況之中，並斥責選手「忍耐才能使人強大」或「這都是為了你好，別說喪氣話」。選手就算覺得艱辛也不能說出「痛苦」，縱使疲倦勞苦也要遵從總教練的命令……

下指令時滿嘴毅力，只叫屬下無論如何都要提升業績，這樣的上司就跟一頭熱血的總教練沒有兩樣。在那樣的狀況下，縱使獲得了勝利也只不過是「僥倖」，難以再度獲勝。而且讓選手過度勞累，奪走他們未來的選手生命，才是賠本又失利。

不要成為擁有禁忌的面具家庭，也不要變成滿嘴毅力的社團活動，而是要成為職業棒球隊，共同擁有獲勝這個目的，並在信任的基礎上彼此坦誠。我抱持這樣的想法，用自己的方式在前面介紹了各式各樣的know-how與觀點。

儘管如此，或許還是有讀者會認為「我們公司還是做不到吧！」讀者之中，應該也有獨自承受挫折的人，例如：「如果只是我自己一個人的話，是能夠帶著專業運動隊伍的意識去工作。但是我周遭的人都沒有改變的意願，大家的心態都相當消極……」

為了這樣的人，最後我想要分享一句我與他人一起工作時最重視的話，以此為本書作結。

！不論是什麼行動，都要找到其「積極意圖」

"assume positive intention" 這句話的意思是「**不論是什麼行動，都存在著行動者的某種積極意圖**」。

在企業裡工作，周遭的人是不會按照自己的想法去行動的，這是極為普遍的現象。因此，連我也有好幾次情緒瞬間湧上的經驗。「為什麼老是在抱怨，卻不肯改變呢？」、「老是說『應該要這樣做、那樣做』，愛從局外下指導棋，讓人火大」、「馬上試著做做看不就好了」……要是把這些都說出來，那可是沒完沒了。

會議裡常見的「麻煩人物」，**也有自己想要達成的「目的」，並為此採取行動**。即使就你的角度來看，該些行動可能毫無道理或頗為麻煩。

不過該人心底深處潛藏的「真正意圖」是什麼呢？**我們必須理解他想要得到什麼，以及不想失去什麼。或者至少也要「嘗試去理解」。**那樣的態度應能讓工作以具建設性的方式進行，並成為至少能讓事態稍微好轉的契機。

舉個例子，假設有一個屬下明明沒有替代方案，卻總是喜歡批判新草案。但是，或許那名屬下其實也是為了公司著想，想要用自己擅長的批判性思考為公司作出貢獻。他只是能力尚不成熟，無法自己想出解決方法。

或者總是朝令夕改的上司，也可能是公司裡的夾心餅乾，而他只是想要謹慎達成「上司的上司」提出的要求罷了。說不定他有小孩，所以無論如何都要拚命守住自己在公司裡的安穩地位。

有些行動對某人而言是「不如己願」，但行動的背後一定有某種理由，或是行動者想要拚命去解決什麼事

情。不嘗試去理解背後緣由並丟出正確道理是很簡單的作法。可是那樣只會讓對方感覺「自己被攻擊」、「自己不受信任」而關上心門。

若我們不那麼做，而是時常以"assume positive intention"的精神尋找對方的「積極意圖」，那麼就算在會議裡產生了情緒層面的糾葛，應該也能採取更具有建設性的溝通方式，例如問對方：「對你而言，現在優先程度最高的事情是什麼？為了達成團隊的目標，你能夠告訴我嗎？」或者嘗試邀請對方一起去吃一次午餐，聊聊平時不會說的話或許也不錯。

讀完本書的各位，現在一定能夠做到。

後記

有一段記憶讓我後悔至今。

我在波蘭的一個小村莊出生、長大。大哥非常疼愛我，經常買書給我。

我十分喜愛閱讀，是家中兄弟當中唯一念高中的人，進而影響了我後來的職業生涯。然而波蘭在民主化之後，大哥卻被迫面臨長期失業，結果染上酒癮，過著爛醉如泥、露宿街頭的生活。

街坊鄰居會通知我們：「你家的兒子又睡在路邊了」，拖著大哥回家也是常有的事。我對這種情況真的很厭煩，於是在進入大學之後，就完全疏遠大哥。

我在大學二年級時，大哥就去世了。如同往常一樣醉倒路邊的他，因為被汽車輾過而往生。直到那時我才開始想要理解大哥的心情。為什麼大哥沒有想要改變？為何無法改變？

我很後悔沒有積極關心他。大哥會沉溺在酒精之中，也是想要稍微掩飾自己失業的焦躁與不安。為了解決內心無法消化的問題而拚命掙扎。只是當時我的理解能力不足以理解大哥的積極意圖（positive intention）。

我在研討會上經常做這項練習。將不太了解的兩個人編成一組，彼此面對面靜靜地互相凝視十五分鐘。人對於他人的片面斷定或帶有成見的程度超過自己的想像，擅自認為「這個人就是這樣的人」。但是，相互凝視持續一段時間後，就會認為成見是毫無意義的。眼前的人就只是「人」。在各自從出生到死亡的這段期間，因緣際會一同共享相同的時間與空間。既然如此，至少在彼此相處的過程中，以具建設性的態度，相互關懷，

共同分享彼此的意見吧！假使能夠多一些有這種想法的人，這世上的會議應該會變得更美好吧！

　　因此，就算我遇到「有困難的人」，我會接受對方的行為與言辭，「也就是說，你的想法是這樣吧」、「你是有這種意圖吧」、「我明白了。也就是●●的意思吧」，就像是跳針的唱片一般，不斷重述對方想說的事，藉此表現出「我能理解你」。於是乎，對方就能夠重新認識自己的話語及意圖，達到具有建設性的溝通。

　　現在，「改革工作方式」受到社會關注，許多管理者正致力於減少員工的工作時數。如果會議有所改變，能夠在預定時間內獲得優質的會議成果，自然而然就能夠減少工作時間吧！但我不希望各位讀者迷失、誤解了提高生產力的本來意義。如果從俯瞰的角度閱讀本書，我想各位應該就能夠理解，我想傳達的不單只是會議的要領或小技巧，而是在於其根基的哲學之重要性。

　　明確知道會議是以什麼為目標、要提出怎樣的成果，換句話說，每個人都很清楚的認知到，參加會議者的價值觀和信念，想要對彼此產生怎樣的影響，積極參與並負起責任。既然生存在這個世界上，也恰巧從事相同的工作，為了在最短時間內能夠交出最好的成果，參與會議時就要彼此相互協助。在工作以外的時間，也能擁有豐碩而充實的時光。

　　會議準時結束，邊向同事道別「Bye-bye，今天辛苦了，See you tomorrow！」，回家前還能夠先到義大利餐廳享用美食，每天過著這樣的日子真是棒呆了！

　　我也期待未來的某一天能與各位讀者在某處相會。

　　閱讀本書之後，對於書中內容有興趣的讀者，如果能進一步點閱facebook/Twitter@piotrgrzywacz及www.piotrgrzywacz.com，或是我經營的Motify公司所發布

的部落格或播客（Podcast；http://www.motify.work/
batteries/），將是我莫大的榮幸。

至於本書所介紹的內容則是詳載於下列書籍當中，
與領導能力有關的書籍是《0秒領導能力》（すばる舍
／subarusya）、《New ELITE》（大和書房）；與工作
方式有關的書籍則是《Google神速工作術》、《Google
流之不疲勞的工作方式》（皆為SB Creative出版）。今
後預定出版的書籍包括《打造世界標準的心智》（暫
定）、《矽谷流的底層人員》（暫定）等書。不只是會
議，讓我們一起攜手改變工作方式、領導力，進而改變
世界吧！

最後，如果沒有協力編輯大矢幸世小姐的大力協
助，這本書將無法問世。

　　另外，協助本書相關事宜的新井光樹、池田真優、伊澤慎一、井上一鷹、井上陽介、大瀧裕樹、西城洋志、　藤芳宜、世羅侑未、竹中美知、谷本美穗、角田千佳、野田稔、長谷川誠、平原依文、藤本あゆみ、星野珠枝、細見純子、增　大輔、松本勝、丸山杏那及宮口　子，我也要藉這個機會感謝你們的協助。

　　衷心希望日本的會議能夠變得更有趣一些。

新商業叢書 BW0701

向 Google 及摩根士丹利學習超高效會議術
25分鐘搞定！從此會議不離題、有結論，
不再開會開到死！

原　書　名／グーグル・モルガン・スタンレーで学んだ：日本
　　　　　　人の知らない会議の鉄則
作　　　者／彼優特‧菲利克斯‧吉瓦奇（Piotr Feliks Grzywacz）
譯　　　者／郭書妤、駱香雅
責 任 編 輯／劉芸
企 劃 選 書／陳美靜
版　　　權／翁靜如
行 銷 業 務／周佑潔、王瑜、莊英傑

國家圖書館出版品預行編目（CIP）資料

向 Google 及摩根士丹利學習超高效會議術：
25分鐘搞定！從此會議不離題、有結論，不再開
會開到死！／彼優特‧菲利克斯‧吉瓦奇（Piotr
Feliks Grzywacz）著．郭書妤、駱香雅譯．-- 初版．
-- 臺北市：商周出版：家庭傳媒城邦分公司發
行, 2019.02
　　面；　　公分．--（新商業叢書；BW0701）
譯自：グーグル・モルガン・スタンレーで学ん
　　だ：日本人の知らない会議の鉄則
ISBN 978-986-477-614-6（平裝）

1. 會議管理

494.4　　　　　　　　　　　　　108000332

總 編 輯／陳美靜
總 經 理／彭之琬
發 行 人／何飛鵬
法 律 顧 問／台英國際商務法律事務所　羅明通律師
出　　版／商周出版
　　　　　臺北市104民生東路二段141號9樓
　　　　　電話：(02) 2500-7008　傳真：(02) 2500-7759
　　　　　E-mail: bwp.service @ cite.com.tw
發　　行／英屬蓋曼群島商家庭傳媒股份有限公司　城邦分公司
　　　　　臺北市104民生東路二段141號2樓
　　　　　讀者服務專線：0800-020-299　24小時傳真服務：(02) 2517-0999
　　　　　讀者服務信箱E-mail: cs@cite.com.tw
　　　　　劃撥帳號：19833503　戶名：英屬蓋曼群島商家庭傳媒股份有限公司城邦分公司
訂 購 服 務／書虫股份有限公司客服專線：(02) 2500-7718；2500-7719
　　　　　服務時間：週一至週五上午09:30-12:00；下午13:30-17:00
　　　　　24小時傳真專線：(02) 2500-1990；2500-1991
　　　　　劃撥帳號：19863813　戶名：書虫股份有限公司
　　　　　E-mail: service@readingclub.com.tw
香港發行所／城邦（香港）出版集團有限公司
　　　　　香港灣仔駱克道193號東超商業中心1樓
　　　　　電話：(852) 2508-6231　傳真：(852) 2578-9337
馬新發行所／城邦（馬新）出版集團
　　　　　Cite (M) Sdn. Bhd.
　　　　　41-3, Jalan Radin Anum, Bandar Baru Sri Petaling, 57000 Kuala Lumpur, Malaysia.
　　　　　電話：(603) 9056-3833　傳真：(603) 9057-6622　讀者服務信箱：services@cite.my

封面設計／申朗創意
印　　刷／韋懋實業有限公司
經 銷 商／聯合發行股份有限公司　電話：(02) 2917-8022　傳真：(02) 2911-0053
　　　　　地址：新北市新店區寶橋路235巷6弄6號2樓

■2019年（民108）2月12日　初版1刷　　　　　　　　Printed in Taiwan

定價330元
ISBN 978-986-477-614-6

版權所有‧翻印必究

城邦讀書花園
www.cite.com.tw

| 書號：BW0701 | 書名：向 Google 及摩根士丹利學習超高效會議術 | 編碼： |

 商周出版

讀者回函卡

感謝您購買我們出版的書籍！請費心填寫此回函卡，我們將不定期寄上城邦集團最新的出版訊息。

不定期好禮相贈
立即加入：商
Facebook 粉絲

姓名：＿＿＿＿＿＿＿＿＿＿＿＿＿＿＿＿＿＿＿ 性別：□男 □女

生日：西元＿＿＿＿＿＿年＿＿＿＿＿＿月＿＿＿＿＿＿日

地址：＿＿＿＿＿＿＿＿＿＿＿＿＿＿＿＿＿＿＿＿＿＿＿＿＿＿

聯絡電話：＿＿＿＿＿＿＿＿＿＿＿ 傳真：＿＿＿＿＿＿＿＿＿＿＿

E-mail：

學歷：□ 1. 小學 □ 2. 國中 □ 3. 高中 □ 4. 大學 □ 5. 研究所以上

職業：□ 1. 學生 □ 2. 軍公教 □ 3. 服務 □ 4. 金融 □ 5. 製造 □ 6. 資訊

　　　□ 7. 傳播 □ 8. 自由業 □ 9. 農漁牧 □ 10. 家管 □ 11. 退休

　　　□ 12. 其他＿＿＿＿＿＿＿＿＿＿＿＿＿＿＿＿＿＿＿＿

您從何種方式得知本書消息？

　　　□ 1. 書店 □ 2. 網路 □ 3. 報紙 □ 4. 雜誌 □ 5. 廣播 □ 6. 電視

　　　□ 7. 親友推薦 □ 8. 其他＿＿＿＿＿＿＿＿＿＿＿＿＿＿＿

您通常以何種方式購書？

　　　□ 1. 書店 □ 2. 網路 □ 3. 傳真訂購 □ 4. 郵局劃撥 □ 5. 其他＿＿＿＿

您喜歡閱讀那些類別的書籍？

　　　□ 1. 財經商業 □ 2. 自然科學 □ 3. 歷史 □ 4. 法律 □ 5. 文學

　　　□ 6. 休閒旅遊 □ 7. 小說 □ 8. 人物傳記 □ 9. 生活、勵志 □ 10. 其他

對我們的建議：＿＿＿＿＿＿＿＿＿＿＿＿＿＿＿＿＿＿＿＿＿＿＿＿

＿＿＿＿＿＿＿＿＿＿＿＿＿＿＿＿＿＿＿＿＿＿＿＿＿＿＿＿＿＿＿＿

＿＿＿＿＿＿＿＿＿＿＿＿＿＿＿＿＿＿＿＿＿＿＿＿＿＿＿＿＿＿＿＿